高职高专规划教材

化工仪表自动化

王　强 ◎主编

保生强　周迎红 ◎副主编

任丽静 ◎主审

化学工业出版社

·北京·

《化工仪表自动化》基于生产实际和工程应用，以实验形式引出背景知识，简明扼要地介绍了化工过程控制系统的基本知识和过程检测仪表、执行器、控制器等基础知识，并配有典型的应用实例。

《化工仪表自动化》可作为职业院校和成人继续教育化工类专业相关课程的教材，也可作为化工、炼油、冶金、轻工等相关企业的培训教材。

图书在版编目（CIP）数据

化工仪表自动化/王强主编. —北京：化学工业出版社，
2016.2（2024.9重印）
高职高专规划教材
ISBN 978-7-122-25899-1

Ⅰ.①化…　Ⅱ.①王…　Ⅲ.①仪工仪表-高等职业
教育-教材②化工过程-自动控制系统-高等职业教育-教
材　Ⅳ.①TQ056

中国版本图书馆 CIP 数据核字（2015）第 306532 号

责任编辑：刘　哲　　　　　　　　　　装帧设计：韩　飞
责任校对：宋　玮

出版发行：化学工业出版社（北京市东城区青年湖南街 13 号　邮政编码 100011）
印　　装：涿州市般润文化传播有限公司
787mm×1092mm　1/16　印张 9¾　字数 236 千字　2024 年 9 月北京第 1 版第 6 次印刷

购书咨询：010-64518888　　　　　　售后服务：010-64518899
网　　址：http://www.cip.com.cn
凡购买本书，如有缺损质量问题，本社销售中心负责调换。

定　　价：25.00 元　　　　　　　　　　　　版权所有　违者必究

化工仪表自动化
HUAGONG YIBIAO
ZIDONGHUA

前 言

　　生产与生活的自动化是人类长久以来所梦寐以求的目标。随着石油化工生产装置的日趋大型化、连续化，企业对生产过程参数自动检测和控制的要求越来越高，现代化工企业急需提高仪表专业技术人员及维修人员的综合素质，以适应生产装置自动化程度不断提高的需求。

　　本书基于生产实际和工程应用，简明扼要地介绍了化工过程控制系统的基本知识和过程检测仪表、执行器、控制器等基础知识，并配有典型的应用实例。通过基于"工学结合"的课程改革，将学习过程与工作过程联系起来，使学生不再一味地为储备知识而被动学习，即"学中做、做中学"，真正落实职业教育的课程标准，强化职业教育的特色，通过集"教、学、做"于一体的训练，使学生掌握化工仪表自动化的综合技能。

　　本书可作为职业院校和成人继续教育的化工类专业相关课程的教材，也可作为化工、炼油、冶金、轻工等相关企业的培训教材。

　　本书由东营职业学院王强任主编，河北化工医药职业技术学院任丽静主审，保生强、周迎红任副主编。具体编写分工如下：王强编写项目一；张艳阳编写项目二；周迎红编写项目三；刘海燕编写项目四；张佳佳编写项目五；李雪梅编写项目六；保生强编写项目七；东营技师学院崔树芹编写项目八；和利时自动化有限公司王跃芹编写项目九；利华益集团张永刚编写项目十；海科集团巩增利编写项目十一。全书统稿工作由王强完成。

　　由于编者水平有限，书中难免有不妥之处，恳请读者批评指正。

编者
2015 年 11 月

化工仪表自动化
HUAGONG YIBIAO
ZIDONGHUA

目 录

绪 论

20 世纪 40 年代以前，绝大多数化工生产处于手工操作状况，操作工人根据反映主要参数的仪表指示情况，用人工来改变操作条件，生产过程单凭经验进行，效率低，花费庞大。20 世纪 50 年代到 60 年代，人们对化工生产各种单元操作进行了大量的开发工作，使得化工生产过程朝着大规模、高效率、连续生产、综合利用方向迅速发展。20 世纪 70 年代以来，化工自动化技术水平得到了很大的提高。70 年代，计算机开始用于控制生产过程，出现了计算机控制系统。80 年代末至 90 年代，现场总线和现场总线控制系统得到了迅速的发展。

加快生产速度，降低生产成本，提高产品产量和质量；减轻劳动强度，改善劳动条件；保证生产安全，防止事故发生或扩大，达到延长设备使用寿命、提高设备利用率、保障人身安全的目的。生产过程自动化的实现，能根本改变劳动方式，但要提高操作者文化技术水平，以适应当代信息技术革命和信息产业革命的需要。

检测与过程控制仪表（通常称自动化仪表）分类方法很多，根据不同原则可以进行相应的分类，例如按仪表所使用的能源分类，可以分为气动仪表、电动仪表和液动仪表（很少见）；按仪表组合形式，可以分为基地式仪表、单元组合仪表和综合控制装置；按仪表安装形式，可以分为现场仪表、盘装仪表和架装仪表；随着微处理机的蓬勃发展，根据仪表有否引入微处理机（器），又可以分为智能仪表与非智能仪表；根据仪表信号的形式，可分为模拟仪表和数字仪表。

检测与过程控制仪表最通用的分类是按仪表在测量与控制系统中的作用进行划分，一般分为检测仪表、显示仪表、调节（控制）仪表和执行器四大类。检测仪表包括各种参数的测量和变送，显示仪表包括模拟量显示和数字量显示，控制仪表包括气动、电动控制仪表及数字式控制器，执行器包括气动、电动、液动等执行器。

检测仪表根据其被测变量不同，根据化工生产的五大参数，又可分为温度检测仪表、流量检测仪表、压力检测仪表、物位检测仪表和分析仪表（器），参见图 0-1。

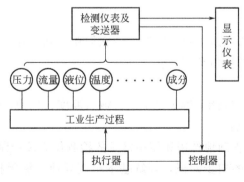

图 0-1　检测仪表分类示意图

化工仪表及自动化系统的分类按功能不同，分为四类。

（1）自动检测系统

利用各种仪表对生产过程中主要工艺参数进行测量、指示或记录的部分（图 0-2、图 0-3），其作用是对过程信息的获取与记录。

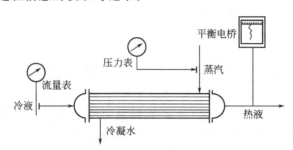

图 0-2　热交换系统的自动检测装置

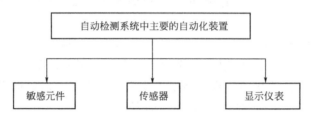

图 0-3　自动检测系统方框图

敏感元件对被测变量做出响应，把它转换为适合测量的物理量。传感器对检测元件输出的物理量信号做进一步信号转换。显示仪表将检测结果以指针位移、数字、图像等形式，准确地指示、记录或储存。

（2）自动信号和联锁保护系统

对某些关键性参数设有自动信号联锁保护装置，是生产过程中的一种安全装置。自动信号联锁保护电路按主要构成元件不同分类，有触点式、无触点式两类。

（3）自动操纵及自动开停车系统

自动操纵系统可以根据预先规定的步骤，自动地对生产设备进行某种周期性操作。自动开停车系统可以按照预先规定好的步骤，将生产过程自动地投入运行或自动停车。

（4）自动控制系统

对生产中某些关键性参数进行自动控制，使它们在受到外界干扰的影响而偏离正常状态时，能自动地调回到规定的数值范围内。

通过本门课程的学习，应能了解主要工艺参数（温度、压力、流量及物位）的检测方法及其仪表的工作原理及特点：

① 能根据工艺要求，正确地选用和使用常见的检测仪表及控制仪表；

② 能了解化工自动化的初步知识，理解基本控制规律，懂得控制器参数是如何影响控制质量的；

③ 能根据工艺的需要，和自控设计人员共同讨论和提出合理的自动控制方案；

④ 能为自控设计提供正确的工艺条件和数据；

⑤ 能在生产开停车过程中，初步掌握自动控制系统的投运及控制器的参数整定；

⑥ 能了解检测技术和控制技术的发展趋势和最新发展动态。

任务一　自动控制系统的组成

自动控制系统是在人工控制的基础上产生和发展起来的，所以，在开始介绍自动控制的时候，先分析人工操作，并与自动控制加以比较，对分析和了解自动控制系统是有裨益的。

图 1-1（a）所示是一个液体储槽，储槽液位是一个重要控制指标，液位上升则需要开大阀门，液位下降时则需要关小阀门。要使液位上升和下降有明显的指示，需要选择玻璃管液位计指示中间某一段为正常工作时的液位高度范围，操作人员可通过改变出口阀门开度而使液位保持在这一高度范围内。操作人员所进行的工作主要包括三方面：检测、运算和执行。这三个作用主要靠眼、脑、手三个器官完成。由于人工控制受到人的生理上的限制，因此在控制速度和精度上都满足不了大型现代化生产的需要。为了提高控制精度和减轻劳动强度，可用一套自动化装置来代替上述人工操作，这样就由人工控制变为自动控制了。液体储槽和自动化装置一起构成了一个自动控制系统，如图 1-2 所示。

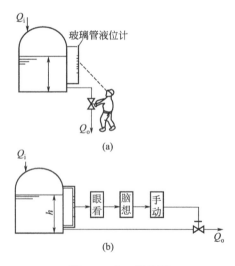

图 1-1　人工操作图

自动化装置一般至少应包括三个部分，分别用来模拟人的眼、脑和手的功能，如图 1-2 所示。自动化装置的三个部分分别如下。

（1）测量元件及变送器

它的功能是测量液位并将液位的高低转化为一种特定的、统一的输出信号（如气压信号

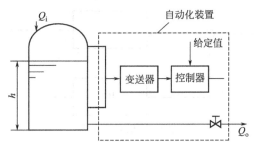

图 1-2　液位自动控制示意图

或电压、电流信号等）。

（2）自动控制器

它接受变送器送来的信号，与工艺需要保持的液位高度相比较，得出偏差，并按某种运算规律算出结果，然后将此结果用特定信号（气压或电流）发送出去。

（3）执行器

通常指控制阀，它与普通阀门的功能一样，只不过它能自动地根据控制器送来的信号值来改变阀门的开启度。

显然，这套自动化装置具有人工控制中操作人员的眼、脑、手的部分功能。因此，它能完成自动控制储槽中液位高低的任务。

在自动控制系统中除了必须具有自动化装置外，还必须具有控制装置所控制的生产设备。在自动控制系统中，将需要控制其工艺参数的生产设备或机器称为被控对象，简称对象。图 1-2 所示的液体储槽就是这个液位控制系统的被控对象。

任务二　自动控制系统的方块图

1. 信号和变量

控制与信息不可分割，控制系统的作用是通过信息的获取、变换或处理来实现的，载有变量信息的物理变量就是信号，因此，控制系统的全部命题都涉及信号流。对控制系统或其组成环节来说，输入变量、输出变量和状态变量都是变量，也都是信号。

图 1-3　方块示意图

图 1-3 的方块可以用来表示系统或某一个环节，箭头指向方块的信号 u 表示施加到系统或环节上的独立变量，称为输入变量；箭头离开方块的信号表示系统或环节送出的变量，称为输出变量。如果一个系统同时有几个输入变量和几个输出变量，则称为多输入多输出系统，如图 1-4 所示。

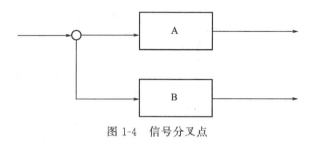

图 1-4　信号分叉点

2. 自动控制系统方框图

在研究自动控制系统时，为了便于分析研究，一般用方块图来表示控制系统的组成。图 1-5 为自动控制系统的方块图，每个方块表示组成系统的一个部分，称为"环节"，方块内填入表示其自身特性的数学表达式或文字说明。两个方块之间用一条带有箭头的线条表示其信号的相互关系，箭头指向方块表示这个环节的输入，箭头离开方块表示这个环节的输出。线旁的字母表示相互间的作用信号。

用图 1-5 来表示图 1-2 所示的液位自动控制系统，其中的"对象"方块就表示图 1-2 中的储槽。在自动控制系统中，被控对象需要加以控制（一般是需要恒定）的变量，称为被控变量，图中用 y 来表示，在本控制系统中就是液位 h。在方块图中，被控变量 y 就是对象的输出变量。影响被控变量 y 的因素来自进料流量的改变，这种引起被控变量波动的外来因素，在自动控制系统中称为干扰作用，用 f 表示。干扰作用 f 是作用于对象的输入变量。与此同时，出料流量的改变是由于控制阀动作所致，如果用一方块表示控制阀，那么出料流量即为"控制阀"方块的输出变量。出料流量的变化也是影响液位变化的因素，所以也是作用于对象的输入变量。出料流量 q 在方块图中把控制阀和对象连接在一起。

方块图 1-5 中，x 为给定值；z 为输出信号；e 为偏差信号；p 为发出信号；q 为出料流量信号；y 为被控变量；f 为扰动作用。当 x 取正值，z 取负值时，$e＝x－z$，负反馈；当 x 取正值，z 取正值时，$e＝x＋z$，正反馈。

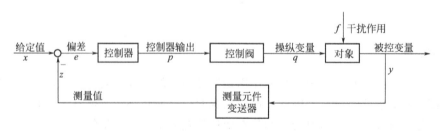

图 1-5　自动控制系统方块图

储槽液位信号是测量元件及变送器的输入，而变送器的输出信号 z 进入变焦机构（或元件），与工艺上希望保持的被控变量值，即给定信号 x 进行比较，得到偏差信号 e（$e＝x－z$），并送往控制器。比较机构实际上是控制器的一个组成部分，不是一个独立的元件，在图中把它以相加（减）点形式单独画出来（一般方块图中是以○或⊗表示的），为的是能更清楚地说明其比较作用。控制器根据偏差信号 e 的大小，按一定的规律运算后，发出控制信号 p 送至控制阀，使控制阀的开度发生变化，从而改变出料流量以克服干扰对被控变量（液位）的影响。控制阀输出 q 的变化实现控制作用。具体实现控制作用的参数叫做操纵变量，图 1-5 中流过控制阀的出料流量就是操纵变量。用来实现控制作用的物料一般称为调节介质或调节剂，上述中流过控制阀的流体就是调节介质。

用同一种形式的方块图可以代表不同的控制系统。例如图 1-6 所示的蒸汽加热器温度控制系统，当进料流量或温度变化等因素引起出口物料温度变化时，可以通过温度变送器 TT 测得温度变化并将输出信号送至温度控制器 TC。温度控制器的输出送至控制阀，以改变加热蒸汽量来维持出口物料的温度始终等于给定值。这个控制系统同样可以用图 1-5 所示的方块图表示。这时的被控对象是加热器，被控变量 y 是出口物料的温度。干扰作用 f 是进料流量、温度的变化等。而控制阀的输出信号即控制作用 q 是加热蒸汽量的变化。在这里，加热蒸汽是调节介质或调节剂。

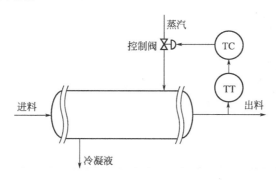

图 1-6　蒸汽加热器温度控制系统

综上所述，所谓自动控制系统的方块图，就是从信号流的角度出发，将组成自动控制系统的各个环节用信号线相互连接起来的一种图形。在已定的系统构成内，对于每个环节来说，信号的作用都是有方向性的，不可逆置。在方块图中，信号的方向由连接方块之间的信号线箭头来表示。

为了便于分析，有时将控制器以外的各个环节（包括被控对象、测量元件及变送器、控制阀）组合在一起看待，称之为广义对象。这样，整个系统可认为是由控制器与广义对象两者所构成，其方块图可简化为图 1-7。

图 1-7　简化方块图

在控制流程图中，用来表示仪表的小圆圈的上半圆内，一般写有两位（或两位以上的）字母，第一位字母表示被测变量，后继字母表示仪表的功能，常用被测变量和仪表功能的字母代号见表 1-1。

3. 反馈

组成自动控制系统的各个环节在信号传递关系上都形成一个闭合的回路。其中任何一个信号，只要沿着箭头方向前进，通过若干个环节后，最后又会回到原来的起点。所以，自动

表 1-1　被测变量和仪表功能的字母代号

字母	第一位字母		后继字母
	被测变量	修饰词	功能
A	分析		报警
C	电导率		控制（调节）
D	密度	差	
E	电压		检测元件
F	流量	比（分数）	
I	电流		指示
K	时间或时间程序		自动—手动操作器
L	物位		
M	水分或湿度		
P	压力或真空		
Q	数量或件数	积分、累积	积分、累积
R	放射性		记录或打印
S	速度或频率	安全	开关、联锁
T	温度		传送
V	黏度		阀、挡板、百叶窗
W	力		套管
Y	供选用		继电器或计算器
Z	位置		驱动、执行或未分类的终端执行机构

控制系统是一个闭环系统。

　　自动控制系统之所以是一个闭环系统，是由于反馈的存在。由图 1-5 可以看出，系统的输出变量是被控变量，但是它经过测量元件和变送器后，又返回到系统的输入端，与给定值进行比较。这种把系统（或环节）的输出信号直接或经过一些环节重新返回到输入端的做法叫做反馈。从图 1-5 还可以看到，在反馈信号 z 旁有一个负号"－"，而在给定值 x 旁有一个正号"＋"（也可以省略），这里正和负的意思是在比较，以 x 作为正值，z 作为负值，也就得到控制器的偏差信号 $e＝x－z$。因为图 1-5 中的反馈信号 z 取负值，所以叫做负反馈，负反馈信号与原来的信号方向相反。如果反馈信号取正值，反馈信号与原来的信号方向相同，那么就叫做正反馈。自动控制系统中都采用负反馈。因为只有负反馈，才能在被控变量 y 受到干扰的影响而升高时，使反馈信号 z 也升高，经过比较而到控制器去的偏差 e 将降低，此时控制器将发出信号，使控制阀的开度发生变化，变化的方向为负，从而使被控变量下降回到给定值，这样就达到了控制的目的。所以控制系统不能单独采用正反馈。

　　综上所述，自动控制系统是具体被控变量负反馈的闭环系统。它与自动测量、自动操纵等开环系统比较，最本质的区别在于控制系统有无负反馈存在。图 1-8 是自动操纵系统的方块图。

图 1-8　自动操纵系统方块图

4. 自动控制系统的分类

　　自动控制系统有多种分类方法，可以按被控变量来分类，如温度、压力、流量、液位等控制系统；也可以按控制器具有的控制规律来分类，如比例、比例积分、比例微分、比例积分微分等控制系统。

在分析自动控制系统特性时，经常遇到的是将控制系统按照工艺过程需要控制的被控变量的给定值是否变化和如何变化来分类，这样可将自动控制系统分为三类，即定值控制系统、随动控制系统和程序控制系统。

（1）定值控制系统

所谓"定值"，就是恒定给定值的简称。工艺生产中，若要求控制系统的作用是使被控制的工艺参数保持在一个生产指标上不变，或者说要求被控变量的给定值不变，就需要采用定值控制系统。

（2）随动控制系统（自动跟踪系统）

这类系统的特点是给定值随机变化，随动系统的目的就是使所控制的工艺参数准确而快速地跟随给定值的变化而变化。

（3）程序控制系统（顺序控制系统）

这类系统的给定值也是变化的，但它是一个已知的时间函数，即生产技术指标需按一定的时间程序变化。这类系统在间歇生产过程中应用比较普遍。

任务三　过渡过程和品质指标

1. 控制系统的静态与动态

在自动化领域中，把被控变量不随时间而变化的平衡状态称为系统的静态，而把被控变量随时间变化的不平衡状态称为系统的动态。

当一个自动控制系统的输入（给定和干扰）和输出均恒定不变时，整个系统就处于一种相对稳定的平衡状态，系统的各个组成环节如变送器、控制器、控制阀都不改变其原先的状态，它们的输出信号也都处于相对静止状态，这种状态就是静态。值得注意的是，这里所指的静态与习惯上的静止是不同的。习惯上所说的静止是指静止不动（当然是相对静止），而在自动化领域中的静态是指系统中各信号的变化率为零，即信号保持在某一常数不变化，而不是指物料不流动或能量不交换。

自动控制的目的就是希望将被控变量保持在一个不变的给定值上，这只有当进入被控对象的物料量（或能量）和流出对象的物料量（或能量）相等时才有可能。

假若一个系统原先处于相对平衡状态即静态，由于干扰作用破坏了这种平衡时，被控变量就会发生变化，从而使控制器、控制阀等自动化装置改变原来平衡时所处的状态，产生一定的控制作用来克服干扰的影响，并力图使系统恢复平衡。从干扰发生开始，经过控制，直到系统重新建立平衡，在这一段时间中，整个系统的各个环节和信号都处于变动状态之中，这种状态叫做动态。

在自动化工作中，了解系统的静态是必要的，但是了解系统的动态更为重要。因为在生产过程中，干扰是客观存在的，是不可避免的，例如生产过程中前后工序的相互影响、负荷的改变、电压的波动、气候的影响等，因此，需要通过自动化装置，不断地施加控制作用去对抗或抵消干扰作用的影响，从而使被控变量保持在工艺生产所要求控制的技术指标上。显然，研究自动控制系统的重点就是研究系统的动态。

2. 控制系统的过渡过程

图 1-9 是简单控制系统的方块图。假定系统原先处于平衡状态，系统中的各信号不随时间而变化。在某一时刻，当干扰作用于对象，系统输出 y 发生变化，系统进入动态过程。由于自动控制系统的负反馈作用，经过一段时间，系统应该重新恢复平衡。系统由一个平衡状态过渡到另一个平衡状态的过程，称为系统的过渡时间。

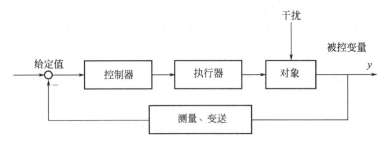

图 1-9　简单控制系统方块图

系统在过渡过程中，被控变量是随时间变化的。被控变量随时间的变化规律首先取决于作用于系统的干扰形式。在生产中，出现的干扰是没有固定形式的，且多半属于随机性质。在分析和设计控制系统时，为了安全和方便，常选择一些定型的干扰形式，其中常用的是阶跃干扰，如图 1-10 所示。由图可以看出，所谓阶跃干扰就是在某一瞬间 t_0，干扰（即输入量）突然地阶跃式地加到系统上，并继续保持在这个幅度。采用阶跃干扰的形式研究自动控制系统，是因为考虑到这种形式的干扰比较突然、危险，且对被控变量的影响也最大，如果一个控制系统能够有效地克服这种类型的干扰，那么一定能很好地克服比较缓和的干扰。同时，这种干扰的形式简单，容易实现，便于分析、实验和计算。

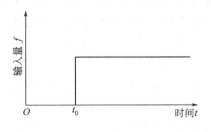

图 1-10　阶跃干扰

自动控制系统在阶跃干扰作用下的过渡过程有四种形式（图 1-11），可以归纳为三类。

① 过渡过程（d）是发散的，称为不稳定过渡过程，应竭力避免。

② 过渡过程（a）和（b）都是衰减的，称为稳定过程。被控变量经过一段时间后，逐渐趋向原来的或新的平衡状态，这是所希望的。

对于（a）非周期的衰减过程，由于过渡过程变化较慢，被控变量在控制过程中长时间地偏离给定值而不能很快恢复平衡状态，所以一般不采用，只是在生产上不允许被控变量有波动的情况下才采用。

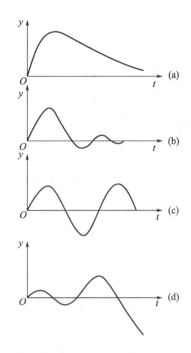

图 1-11　自动控制系统在阶跃干扰下的过渡形式

对于（b）衰减振荡过程，由于能够较快地使系统达到稳定状态，所以多数情况下都希望自动控制系统在阶跃输入作用下，能够得到如曲线（b）所示的过渡过程。

③ 过渡过程形式（c）介于不稳定与稳定之间，一般也认为是不稳定过程，生产上不能采用。只是对于某些控制质量要求不高的场合，如果被控变量允许在工艺许可的范围内振荡（主要指在位式控制时），那么这种过渡过程的形式是可以采用的。

3. 控制系统的品质指标

控制系统的过渡过程是衡量品质的依据。由于多数情况下希望得到衰减振荡过程，在此取这种过程形式讨论控制系统的品质指标。

假定自动控制系统在阶跃输入作用下，被控变量的变化曲线如图 1-12 所示，这是属于衰减振荡的过渡过程。图中横坐标 t 为时间，纵坐标 y 为被控变量离开给定值的变化量。假定在 $t=0$ 之前，系统稳定，且被控变量等于给定值，即 $y=0$；在 $t=0$ 瞬间，外加阶跃干扰作用，系统的被控变量开始按衰减振荡的规律变化，经过相当长时间后，y 逐渐稳定在 C 值上，即 $y(\infty)=C$。

如何评价这个过渡过程控制系统的质量呢？习惯上采用下列几个品质指标。

（1）最大偏差或超调量

最大偏差是指在过渡过程中，被控变量偏离给定值的最大数值。在衰减振荡过程中，最大偏差就是第一个波的峰值，如图 1-12 中 A。最大偏差表示系统瞬间偏离给定值的最大程度。

有时也可以用超调量来表征被控变量偏离给定值的程度。在图 1-12 中超调量以 B 表示。从图中可以看出，超调量 B 是第一个峰值 A 与新稳定值 C 之差，即 $B=A-C$。

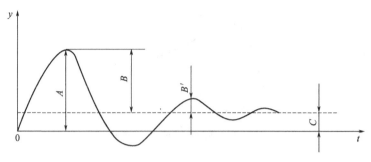

图 1-12　过渡过程品质指标示意图

(2) 衰减比

衰减比是衰减程度的指标，它是前后相邻两个峰值的比。在图中衰减比是 $B : B'$，习惯表示为 $n : 1$，一般 n 取 $4 \sim 10$ 为宜。

(3) 余差

当过渡过程终了时，被控变量所达到的新的稳态值与给定值之间的偏差叫做余差，或者说余差就是过渡过程终了时的残余偏差。在图 1-12 中以 C 表示。偏差的数值可正可负。

有余差的控制过程称为有差调节，相应的系统称为有差系统。反之为无差调节和无差系统。

(4) 过渡时间

从干扰作用发生的时刻起，直到系统重新建立新的平衡时止，过渡过程所经历的时间叫过渡时间。一般在稳态值的上下规定一个小范围，当被控变量进入该范围并不再越出时，就认为被控变量已经达到新的稳态值，或者说过渡过程已经结束，这个范围一般定为稳态值的 $\pm 5\%$（也有的规定为 $\pm 2\%$）。按照这个规定，过渡时间就是从干扰开始作用之时起，直至被控变量进入新稳态值的 $\pm 5\%$（或 $\pm 2\%$）的范围内且不再越出时为止所经历的时间。

(5) 振荡周期或频率

过渡过程同向两波峰（或波谷）之间的间隔时间叫振荡周期或工作周期，其倒数称为振荡频率。在衰减比相同的情况下，周期与过渡时间成正比，一般希望振荡周期短一些为好。

例　某换热器的温度调节系统在单位阶跃干扰作用下的过渡过程曲线如图 1-13 所示。试分别求出最大偏差、余差、衰减比、振荡周期和过渡时间（给定值为 200℃）。

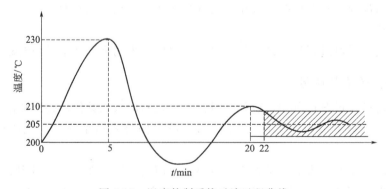

图 1-13　温度控制系统过渡过程曲线

解 最大偏差 $A = 230 - 200 = 30℃$。

余差 $C = 205 - 200 = 5℃$。

由图 1-13 可以看出，第一个波峰值 $B = 230 - 205 = 25℃$，第二个波峰值 $B' = 210 - 205 = 5℃$，衰减比应为 $B : B' = 25 : 5 = 5 : 1$。

振荡周期为同向两波峰之间的时间间隔，故周期 $T = 20 - 5 = 15min$。

过渡时间与规定的被控变量限制范围大小有关，假定被控变量进入额定值的 $±2\%$，就可以认为过渡过程已经结束，那么限制范围为 $200 × (±2\%) = ±4℃$，这时，可在新稳态值（205℃）两侧以宽度为 $±4℃$ 画一区域。图 1-13 中以画有阴影线的区域表示，只要被控变量进入这一区域且不再超出，过渡过程就可以认为已经结束。从图上可以看出，过渡时间为 22min。

4. 影响控制指标的主要因素

一个自动控制系统可以概括为两大部分，即工艺过程部分（被控对象）和自动化装置部分。前者指与该自动控制系统有关的部分，后者指为实现自动控制所必需的自动化仪表设备，通常包括测量与变送装置、控制器和执行器三部分。

对于一个自动控制系统，过渡过程品质的好坏，很大程度上决定于对象的性质。例如在前所述的温度控制系统中，属于对象性质的主要因素有：换热器的负荷大小，换热器的结构、尺寸、材质等，换热器内的换热情况、散热情况及结垢程度等。自动化装置应按对象性质加以选择和调整，两者要很好地配合。自动化装置的选择和调整不当，会直接影响控制质量。此外，在控制系统运行过程中，自动化装置的性能一旦发生变化，如阀门失灵、测量失真，也要影响控制质量。总之，影响自动控制系统过渡过程品质的因素是很多的，在系统设计和运行过程中都应给予充分注意。

项目二　执行器

执行器是自动控制系统中的一个重要组成部分。它的作用是接收控制器的输出信号，直接控制能量或物料等调节介质的输送量，达到控制温度、压力、流量、液位等工艺参数的目的。

从结构来说，执行器一般由执行机构和调节机构两部分组成。其中，执行机构是执行器的推动部分，按照控制器所给信号的大小，产生推力或位移；调节机构是执行器的调节部分，最常见的是控制阀，接受执行机构的操纵，改变阀芯与阀座间的流通面积，调剂工艺介质的流量。

根据执行机构使用的能源种类，执行器可分为气动、电动、液动三种。其中，气动执行器用压缩空气作为能源，其特点是结构简单，动作可靠、平稳，输出推力较大，维修方便，防火防爆，而且价格较低，因此广泛地应用于化工、炼油等生产过程中。电动执行器的优点是能源取用方便，信号传输速度快和传输距离远，缺点是结构复杂，推动力小，防爆性能差，价格贵，适用于防爆要求不太高及缺少气源的场所。液动执行器的特点是推力最大，但目前工业控制中使用不多。

在工业生产自动化过程中，为适应不同需要，往往采用电-气复合控制系统，这可以通过各种转换器或阀门定位器等进行转换。

任务一　气动薄膜调节阀的调校

1. 实验目的

① 认识气动薄膜调节阀的结构。
② 学习气动薄膜调节阀的工作原理。
③ 学习气动薄膜调节阀的校准方法。

2. 实验仪器设备

扳手、螺栓、螺母、百分表、磁力表座、螺钉旋具。

3. 实验步骤

见表 2-1。

表 2-1 实验步骤

实验步骤	实验说明	实验方法
	阀芯与阀盖的安装	
1	放置垫圈	
2	安装阀芯	
3	安装导向块	

续表

实验步骤	实验说明	实验方法
4	放置垫圈	
5	安装阀盖螺母,对角均匀锁紧	
6	用木棍压下阀杆,阀芯与阀座接触	

实验步骤	实验说明	实验方法
执行器支架的安装		
1	安装夹紧螺钉	
2	安装指针片	
3	安装执行器支架,用锁紧块(平面在上)把支架锁紧	
4	安装上推杆	

实验步骤	实验说明	实验方法
5	锁紧螺母、指针、膜头的安装	
6	安装锁紧螺母与上推杆	
7	安装膜片	
8	放置弹簧定位板	

续表

实验步骤	实验说明	实验方法
9	安装上限位件,用垫片和螺钉锁紧	
10	正确放置四个弹簧,放置膜盖	
11	安装螺钉(先装长螺钉,后装短螺钉,对角均匀锁紧)	
12	安装防雨帽	

4. 常见问题及解决方法

见表 2-2。

表 2-2 常见问题及解决办法

故障现象	产生原因	排除方法
有输入信号无动作	机构故障	检查执行机构
	弯曲或折断	换阀杆
	脱落（销子断）	换销子
	与衬套或阀座卡死	调整同轴度并重新安装
	薄膜调节阀中放大器的恒节流孔堵塞	用铜丝去除恒节流孔杂物
阀全闭时泄漏量大	阀座腐蚀、磨损	可研磨阀座，重度磨损应更换阀芯阀座
	阀的螺纹腐蚀	换阀座
阀达不到全闭位置	压差大于阀的允许压差	换大一挡输出力的执行机构或安装定位器
	内有异物	除去异物
阀动作不稳定有振动现象	机构刚度太小	换大一挡刚度的执行机构或安装定位器
	摩擦力大	阀杆修磨
	口径选得太大，使阀在小开度工作	换小口径阀
	不稳	加固支撑
	有振动源	除振动源
密封填料渗漏	压板没压紧	增加填料
	变质损坏	换填料
	阀杆损坏	换阀杆
阀体与上阀盖连接处渗漏	密封垫损坏	换密封垫
	螺母松弛	紧螺母
	六角螺母松弛	紧六角螺母
阀动作迟钝	阀体内有泥浆或黏性大的介质，使阀堵塞或结焦	应予清除
	聚四氟乙烯填料硬化变质	更换填料
	膜片损坏	更换膜片
	执行机构气室漏气	检查漏气处
阀可调范围变小	阀芯被腐蚀，使最小流量变大	更换阀芯

5. "全国职业院校技能大赛"化工仪表自动化赛项

（1）气动薄膜控制阀安装与电气阀门定位器校验

考核点：熟悉自动化仪表内部结构及原理，能识读仪表外部接线图，能根据需要正确选用工具进行仪表的安装与调校。

竞赛方式：实物操作

竞赛时间：90分钟

竞赛要点：按照竞赛要求，正确选择工具，进行控制阀的安装、执行机构的校验、气路电路的连接以及阀门定位器的安装与联校。

（2）气动控制阀拆装与阀门定位器调校校验单

填写说明：

① 测量值、标准值及绝对误差保留至小数点后两位；最大百分误差及回差保留至小数点后一位；

② 百分误差依实际计算值保留"＋"或"－"号；

③ 精度按照国家规定的仪表精度等级：0.005、0.02、0.05、0.1、0.2、0.4、0.5、1.0、1.5、2.5、4.0等进行圆整。

"全国职业院校技能大赛"化工仪表自动化赛项

执行机构		型号		控制机构	型号	
		厂家			厂家	
		作用方式			公称直径压力	
		信号范围			额定行程	
阀门定位器		厂家		输入信号范围		
		型号		额定行程		
校验点		0％	25％	50％	75％	100％
标准值(mm)						
测量值(mm)	正行程					
	反行程					
绝对误差(mm)	正行程					
	反行程					
最大百分误差						
回差						
校验结论		原精度				
		现精度				

组别　　　　　　工位

【相关知识】

1. 气动执行器的组成与分类

（1）组成

气动执行器一般是由气动执行机构和控制阀两部分组成，根据需要还可以配上阀门定位器和齿轮机构等附件。

气动薄膜控制阀（图2-1）是一种典型的气动执行器。气动执行机构接受控制器（或转换器）的输出气压信号（0.02～0.1MPa），按一定的规律转换成推力，去推动控制阀。控制阀为执行器的调节机构部分，它与被调节介质直接接触，在气动执行机构的推动下，使阀门产生一定的位移，以改变阀芯与阀座间的流通面积，控制被调介质的流量。

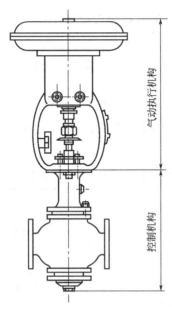

图 2-1　气动薄膜控制阀外形图

（2）执行机构的分类

气动执行机构主要有薄膜式和活塞式两种，此外还有长行程执行机构与滚筒膜片执行机构等。

薄膜式执行机构具有结构简单、动作可靠、维修方便、价格便宜等特点，通常接受0.02～0.1MPa 的压力信号，是一种用得较多的气动执行机构。气动薄膜式执行机构有正作用和反作用两种形式。根据有无弹簧，可分为有弹簧及无弹簧的执行机构，有弹簧的薄膜式执行机构最为常用，无弹簧的薄膜式执行机构常用于双位式控制。

活塞式执行机构在结构上是无弹簧的气缸活塞式，允许操作压力为 0.5MPa，且无弹簧抵消推力，故具有很大的输出力，适用于高静压、高压差、大口径的场合。

长行程执行机构由于采用了力平衡原理和杠杆放大机构，因而提高了精度与灵敏度，可用于需要大转矩的蝶阀、风门、挡板等场合。

（3）控制阀的分类

控制阀是按信号压力的大小，通过改变阀芯行程来改变阀的阻力系数，以达到调节流量的目的。

根据不同的使用要求，控制阀的结构形式主要有以下几种。

① 直通单座控制阀　直通单座控制阀的阀体内只有一个阀芯与阀座，如图 2-2 所示。其特点是结构简单，价格便宜，易于保证关闭，甚至完全切断。但是在压差大的时候，流体对阀芯上下作用的推力不平衡，这种不平衡力会影响阀芯的移动。因此这种阀一般应用在小口径、低压差的场合。

② 直通双座控制阀　直通双座控制阀的阀体内有两个阀芯和两个阀座，如图 2-3 所示。

它的流通能力比同口径的单座阀大。由于流体作用在上、下阀芯上的推力方向相反而大小近似相等，因此介质对阀芯造成的不平衡力小，允许使用的压差较大，应用比较普遍。但是，因加工精度的限制，上下两个阀芯不易保证同时关闭，所以关闭时泄漏量大。阀体内流路复杂，用于高压差时对阀体的冲蚀损伤较严重，不宜用在高黏度和含悬浮颗粒或纤维介质的场合。

　　③ 角形控制阀　角形阀的两个接管呈直角形，一般都为底进侧出，如图2-4所示。这种阀的流路简单，阻力较小，适用于现场管道要求直角连接，介质为高黏度、高压差和含有少量悬浮物和固体颗粒的场合。

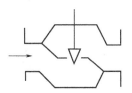

图 2-2　直通单座阀

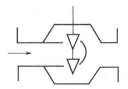

图 2-3　直通双座阀

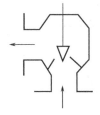

图 2-4　角形阀

　　④ 高压控制阀　高压控制阀的结构形式大多为角形，阀芯头部掺铬或镶以硬质合金，以适应高压差下的冲刷和汽蚀。为了减少高压差对阀的汽蚀，有时采用几级阀芯，把高差压分开，各级都承担一部分以减少损失。

　　⑤ 三通控制阀　三通控制阀有3个出入口与工艺管道连接，其流通方式有分流（一种介质分成两路）和合流（两种介质混合成一路）两种，分别如图2-5所示。这种产品基本结构与单座阀或双座阀相仿，通常可用来代替两个直通阀，适用于配比调节和旁路调节。与直通阀相比，组成同样的系统时可省掉一个二通阀和一个三通接管。

　　⑥ 隔膜控制阀　它采用耐腐蚀衬里的阀体和隔膜代替阀组件。当阀杆移动时，带动隔膜上下动作，从而改变它与阀体堰面间的流通面积。这种控制阀结构简单，流阻小，流通能力比同口径的其他种类的大。由于流动介质用隔膜与外界隔离，故无填料密封，介质不会外漏。这种阀耐腐蚀性强，适用于强酸、强碱、强腐蚀性介质的调节，也能用于高黏度及悬浮颗粒介质的调节。如图2-6所示。

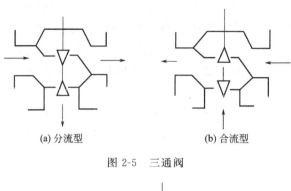

(a) 分流型   (b) 合流型

图 2-5　三通阀

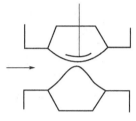

图 2-6　隔膜阀

⑦ 蝶阀　又名翻板阀，如图 2-7 所示。它是通过杠杆带动挡板轴使挡板偏转，改变流通面积，达到改变流量的目的。蝶阀具有结构简单、重量轻、价格便宜、流阻极小的优点，但泄漏量大。适用于大口径、大流量、低压差的场合，也可用于浓浊浆状或悬浮颗粒状介质的调节。

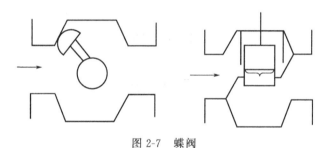

图 2-7　蝶阀

⑧ 球阀　球阀的阀芯与阀体都呈球形体，转动阀芯，使之与阀体处于不同的相对位置时，就具有不同的流通面积，以达到流量能够控制的目的，如图 2-8 所示。球阀阀芯有"V"形和"O"形两种开口形式。

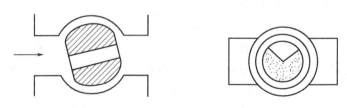

图 2-8　球阀

⑨ 凸轮挠曲阀　又名偏心旋转阀，它的阀芯呈扇形球面状，与挠曲臂及轴套一起铸成，固定在转动轴上。凸轮挠曲阀的挠曲臂在压力作用下能产生挠曲变形，使阀芯球面与阀座密封圈紧密接触，密封性良好。同时，它的重量轻、体积小、安装方便。适用于既要求调节，

又要求密封的场合。

⑩ 笼式阀 又名套筒型控制阀，它的阀体与一般直通单座阀相似。笼式阀的阀体内有一个圆柱形套筒，也叫笼子。套筒壁上开有一个或几个不同形状的孔（窗口），利用套筒导向，阀芯可在套筒中上下移动，由于这种移动改变了笼子的节流孔面积，就形成各种特性并实现流量调节。笼式阀的可调比大，振动小，不平衡力小，结构简单，套筒互换性好，部件所受汽蚀也小，更换不同的套筒（窗口形状不同）即可得到不同的流量特性，是一种性能优良的阀。特别适用于要求低噪声及压差较大的场合，但不适用高温、高黏度及含有固体颗粒的流体。

此外，还有一些特殊的控制阀，例如小流量阀适用于小流量的精密控制阀，超高压阀适用于高静压、高压差的场合。

2. 控制阀的选择

气动薄膜控制阀选用的正确与否是很重要的。选用控制阀时，一般要根据被调介质的特点（温度、压力、腐蚀性、黏度等）、控制要求、安装地点等因素，参考各种类型控制阀的特点，合理地选用。在具体选用时，一般考虑下列几个主要方面的问题。

（1）控制阀结构与特性的选择

控制阀的结构形式主要根据工艺条件，如温度、压力及介质的物理、化学特性（如腐蚀性、黏度等）来选择。例如强腐蚀介质可采用隔膜阀，高温介质可选用带翅形散热片的结构形式。

控制阀的结构形式确定以后，还需确定控制阀的流量特性（阀芯的形状）。一般是先按控制系统的特点来选择阀的希望流量特性，然后再考虑工艺配管情况来选择相应的理想流量特性。

（2）气开式与气关式的选择

气动执行器有气开式与气关式两种形式。有压力信号时阀关，无压力信号时阀开的为气关式。反之，为气开式。由于执行机构有正、反作用，控制阀（具有双导向阀芯的）也有正、反作用，因此气动执行器的气开或气关即由此组合而成。如图2-9和表2-3所示。

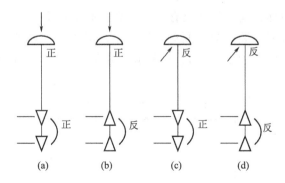

图2-9 组合方式

气开、气关的选择主要从工艺生产上安全要求出发。考虑原则是：信号压力中断时，应保证设备和操作人员的安全。如果阀处于打开位置时危害性小，则应选用气关式，以使气源系统发生故障，气源中断时，阀门能自动打开，保证安全。反之，阀处于关闭时危害性小，则应选用气开阀。

表 2-3　组合方式

序号	执行机构	控制阀	气动执行器
图 2-9(a)	正	正	气关(反)
图 2-9(b)	正	反	气开(正)
图 2-9(c)	反	正	气开(正)
图 2-9(d)	反	反	气关(反)

(3) 控制阀口径的选择

控制阀口径选择的合适与否将直接影响控制效果。口径选择过小，会使流经控制阀的介质达不到所需要的最大流量。口径选择过大，不仅会浪费设备投资，而且会使控制阀经常处于小开度工作，控制性能也会变差，容易使控制系统变得不稳定。

控制阀口径的选择，实质上就是根据特定的工艺条件（即给定的介质流量、阀前后的压差以及介质的物性参数等），进行控制阀流量系数的计算，然后按控制阀生产厂家的产品目录，选出相应的控制阀口径，目的是通过控制阀的流量满足工艺要求的最大流量且留有一定的裕量，但裕量不宜过大。

3. 气动执行器的安装和维护

气动执行器的正确安装和维护，是保证它能发挥应有效用的重要一环。对气动执行器的安装和维护，一般应注意下列几个问题。

① 为便于维护检修，气动执行器应安装在靠近地面或楼板的地方。

② 气动执行器应安装在环境温度不高于＋60℃和不低于－40℃的地方，并应远离振动较大的设备。

③ 阀的公称通径与管道公称通径不同时，两者之间应加一段异径管。

④ 气动执行器应该是正立垂直安装于水平管道上。特殊情况下需要垂直或倾斜安装时，除小口径阀外，一般应加支撑。即使正立垂直安装，当阀的自重较大和有振动场合时，也应加支撑。

⑤ 通过控制阀的流体方向在阀体上有箭头标明，不能装反。

⑥ 控制阀前后一般要各装一只切断阀，以便修理时拆下控制阀。考虑到控制阀发生故障或维修时不影响工艺生产的继续进行，一般应装旁路阀，如图 2-10 所示。

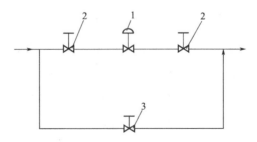

图 2-10　控制阀在管道中的安装

1—调节阀；2—切断阀；3—旁路阀

⑦ 控制阀安装前，应对管路进行清洗，排去污物和焊渣。安装后还应再次对管路和阀门进行清洗，并检查阀门与管道连接处的密封性能。当初次通入介质时，应使阀门处于全开位置，以免杂质卡住。

⑧ 在日常使用中，要对控制阀经常维护和定期检修。

4. 实验原理

（1）气动薄膜调节阀执行机构的工作原理

当来自控制器的信号压力通入到薄膜气室时，在膜片上产生一个推力，并推动推杆部件向下移动，使阀芯和阀座之间的空隙减小（即流通面积减小），流体受到的阻力增大，流量减小。推杆下移的同时，弹簧受压产生反作用力，直到弹簧的反作用力与信号压力在膜片上产生的推力相平衡为止，此时，阀芯与阀座之间的流通面积不再改变，流体的流量稳定。可见，调节阀是根据信号压力的大小，通过改变阀芯的行程来改变阀的阻力大小，达到控制流量的目的。

（2）阀的工作原理

气动薄膜执行机构主要用作一般调节阀（包括蝶阀）的推动装置，分有弹簧和无弹簧两种。无弹簧的气动薄膜执行机构常用于双位式控制。有弹簧的气动薄膜执行机构按作用形式分为正作用和反作用两种。正作用式气动薄膜执行机构，当来自控制器或阀门定位器的信号压力增大时，推杆向下动作的叫正作用执行机构；当信号压力增大时，推杆向上动作的叫反作用执行机构。正作用机构的信号压力通入波纹膜片上方的薄膜气室，而反作用机构的信号压力通入波纹膜片下方的薄膜气室。通过更换个别零件，两者便能互相改装。如图 2-11 所示。

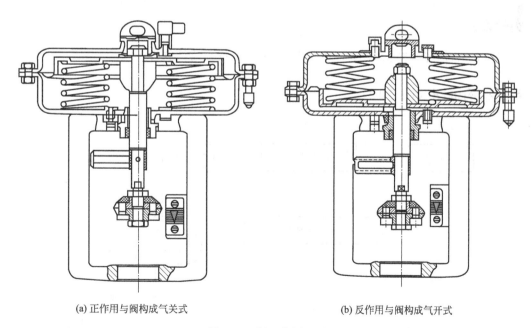

(a) 正作用与阀构成气关式 　　　　　　(b) 反作用与阀构成气开式

图 2-11　阀工作原理图

阀门定位器是气动执行器的一种辅助仪表，它与气动执行器配套使用。阀门定位器是按力矩平衡原理工作的，来自调节器或输出式安全栅的 4～20mA 直流信号输入到转换组件中的线圈时，由于线圈两侧各有一块极性方向相同的永久磁铁，所以线圈产生的磁场与永久磁铁的恒定磁场共同作用在线圈中间的可动铁芯即阀杆上，使杠杆产生位移。当输入信号增加时，杠杆向下运动，固定在杠杆上的挡板便靠近喷嘴，使放大器背压增高，经放大后输出气压也随之增高。此输出气压作用在调节阀的膜头上，使调节阀的阀杆向下运动。阀杆的位移通过拉杆转换为反馈轴和反馈压板的角位移，并通过调量程支点作用于反馈弹簧上，该弹簧被拉伸，产生一个反馈力矩，使杠杆做顺时针偏转。当反馈力矩和电磁力矩相平衡时，阀杆就稳定于某一位置，从而实现了阀杆位移与输入信号电流成正比例的关系。调整调量程支点于适当位置，可以满足调节阀不同阀杆行程的要求。而阀门根据控制信号的要求而改变阀门开度的大小来调节流量，是一个局部阻力可以变化的节流元件。调节阀门主要由上下阀盖、阀体、阀瓣、阀座、填料及压板等部件组成。阀门定位器与阀门配套使用，组成一个闭合控制回路的系统。该系统主要由磁电组件、零位弹簧、挡板、气动功率放大器、调节阀、反馈杠杆、量程调节机构、反馈弹簧组成。

任务二　一阶单容上水箱对象特性测试实验

1. 实验目的

① 熟悉单容水箱的数学模型及其阶跃响应曲线。
② 根据实际测得的单容水箱液位的阶跃响应曲线，用相关的方法分别确定它们的参数。

2. 实验设备

CS2000 型过程控制实验装置，PC，DCS 控制系统与监控软件。

3. 系统结构框图（图 2-12）

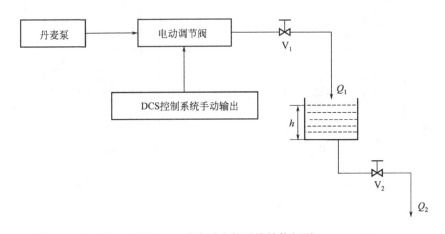

图 2-12　单容量水箱系统结构框图

4. 实验内容步骤

（1）对象的连接和检查

① 将 CS2000 实验对象的储水箱灌满水（至最高高度）。

② 打开以水泵、电动调节阀、孔板流量计组成的动力支路至上水箱的出水阀门，关闭动力支路上通往其他对象的切换阀门。

③ 打开上水箱的出水阀至适当开度。

（2）实验步骤

① 打开控制柜中水泵、电动调节阀的电源开关。

② 启动 DCS 上位机组态软件，进入主画面，然后进入实验一画面。

③ 用鼠标点击调出 PID 窗体框，然后在"MV"栏中设定电动调节阀一个适当开度（此实验必须在手动状态下进行）。

④ 观察系统的被调量（上水箱的水位）是否趋于平衡状态。若已平衡，记录系统输出值，以及水箱水位的高度 h 和上位机的测量显示值，并填入表 2-4。

表 2-4 水位记录表（1）

系统输出值		水箱水位高度 h	上位机显示值
0~100	cm	cm	cm

⑤ 迅速增加系统输出值，增加 5% 的输出量，记录此引起的阶跃响应的过程参数，它们均可在上位机软件上获得（填入表 2-5），以所获得的数据绘制变化曲线。

表 2-5 水位记录表（2）

t/s											
水箱水位 h/cm											
上位机读数/cm											

⑥ 直到进入新的平衡状态，再次记录平衡时的数据，并填入表 2-6。

表 2-6 水位记录表（3）

系统输出值		水箱水位高度 h	上位机显示值
0~100	cm	cm	cm

⑦ 将系统输出值调回到步骤⑤前的位置，再用秒表和数字表记录由此引起的阶跃响应过程参数与曲线。填入表 2-7。

表 2-7 水位记录表（4）

t/s											
水箱水位 h/cm											
上位机读数/cm											

⑧ 重复上述实验步骤。

5. 注意事项

① 本实验过程中，出水阀不得任意改变开度大小。

② 阶跃信号不能取得太大，以免影响正常运行；但也不能过小，以防止因读数误差和其他随机干扰影响对象特性参数的精确度。一般阶跃信号取正常输入信号的 5%～15%。

③ 在输入阶跃信号前，过程必须处于平衡状态。

 【相关知识】

电动执行器是电动控制系统中的一个重要组成部分。它把来自控制仪表的 0～10mA 或 4～20mA 的直流统一电信号，转换成与输入信号相对应的转角或位移，以推动各种类型的控制阀，从而达到连续调节生产工艺过程中的流量，或简单地开启和关闭阀门以控制流体的通断，达到自动控制生产过程的目的。

1. 电动执行器的特点

与气动执行器相比较，电动执行器有下列特点：

① 由于工频电源取用方便，不需增添专门装置，特别是执行器应用数量不太多的单位，更为适宜；

② 动作灵敏，精度较高，信号传输速度快，传输距离可以很长，便于集中控制；

③ 在电源中断时，电动执行器能保持原位不动，不影响主设备的安全；

④ 与电动控制仪表配合方便，安装接线简单；

⑤ 体积较大，成本较贵，结构复杂，维修麻烦，并只能应用于防爆要求不太高的场合。

2. 电动执行器的组成

电动执行器由电动执行机构和调节机构两部分组成。其中，电动执行机构将控制仪表来的控制电信号转换成力或力矩，进而输出一定的转角或位移；而调节机构则是直接改变被调节介质流量的装置。

电动执行机构根据不同的使用要求，结构上有简有繁。最简单的就是电磁阀上的电磁铁，其余部分都是用电动机带动调节机构。调节机构的种类很多，有蝶阀、闸阀、截止阀、感应调压器等。

电动执行机构与调节机构的连接方法很多，两者可相对固定安装在一起，也可以用接卸连杆把两者连接起来。电动控制阀就是将电动执行机构与控制阀固定连接在一起的成套电动执行器。

3. 电动执行器的类型

电动执行器根据其输出形式不同，主要有角行程电动执行机构、直行程电动执行机构和多转式电动执行机构，它们在电气原理方面基本上是相同的。

DKJ 型角行程电动执行机构以交流 220V 为动力，接收控制器的直流电流输出信号，并转变为 0°～90°的转角位移，以一定的机械转矩和旋转速度，自动操纵挡板、阀门等调节机构，完成调节任务。

直行程电动执行机构（DKZ 型）是以控制仪表的指令作为输入信号，使电动机动作，然后经减速器减速并转换为直线位移输出，去操作单座、双座、三通等各种控制阀和其他直线式调节机构，以实现自动调节的目的。

另外，还有一种多转式电动执行机构，主要用来开启和关闭闸阀、截止阀等多转式阀门。由于多转式执行机构的电机功率比较大，最大有几十千瓦，一般多用作就地操作和遥控场合。

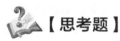【思考题】

① 气动执行器主要由哪两部分组成？各起什么作用？
② 试问控制阀的机构有哪些主要类型？各使用在什么场合？
③ 什么叫气动执行器的气开式与气关式？其选择原则是什么？
④ 要想将一台气开阀改为气关阀，可采取什么措施？

项目三　压力检测

化工生产中，所谓压力是指由气体或液体均匀垂直地作用于单位面积上的力。工业生产过程中，压力是重要的操作参数之一，特别是化工、炼油等生产过程中，经常会遇到压力的测量，包括比大气压力高很多的高压、超高压和比大气压力低很多的真空度的测量。压力的高低，不仅直接影响生产效率和产品质量，还直接影响到生产的安全。通过压力的测量，还会测量出其他参数，如物位、流量的测量往往是通过测量压力或压差来进行的。压力的检测与控制，对保证生产过程正常进行，达到高产、优质、低消耗和安全，是十分重要的。

任务一　压力表的校验

1. 实验目的

　　① 熟悉弹簧管压力表的结构及工作原理。
　　② 了解并掌握活塞式压力计的正确使用。
　　③ 掌握确定仪表精度的方法。

2. 实验项目

　　通过实物掌握弹簧管压力表的具体结构及其组成。实际操作，掌握活塞式压力计的使用方法。利用活塞式压力计对弹簧管压力表进行校验。

3. 实验设备与仪器

　　① 活塞式压力计　　　　1台
　　② 弹簧管压力表　　　　1台
　　③ 取针器　　　　　　　1个
　　④ 小螺丝刀　　　　　　1把
　　活塞式压力计作为压力发生器，同时利用其砝码标示作为标准压力（也可安装标准压力表进行显示）。通过活塞式压力计逐点给被校压力表提供压力，将对应点进行记录，对记录数据计算分析，完成压力表的校验。压力表校验装置连接见图3-1。

4. 注意事项

　　① 下行校验时应先降压，后减砝码，以避免油喷出来。

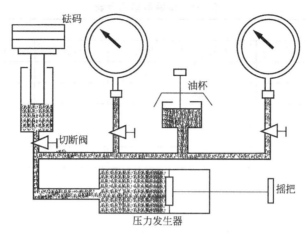

图 3-1　压力表校验装置连接图

② 加砝码时，必须先用手托住砝码底盘，然后将砝码轻轻放好。不可撞击砝码和底盘，以免损坏活塞。

③ 活塞式压力计上的各阀均为针形阀，关闭时不宜用力过度，以免损坏阀门。

④ 活塞式压力计应处于水平位置，不可随意移动。

5. 操作步骤

① 熟悉装置　了解装置及压力表结构及各部分作用。

② 零点调整　当被校压力表未输入压力（压力为零）时，其指针应处于零点刻度线。否则用取针器将指针轻轻取下，重新固定零点位置。

③ 拧开进油阀，关闭装有压力表的切断阀，逆时针转动摇把，将传递油抽到压力泵内，关闭进油阀，并打开装有压力表的切断阀。

④ 根据被校压力表量程，确定校验点（全量程内均匀取 4～6 点）。

⑤ 正行程校验　确定校验点的压力值，确定砝码重量并放入砝码。顺时针转动摇把，使砝码底盘升离活塞大约 1cm，然后轻轻旋转砝码，便可进行数据记录。依次从小到大完成各校验点实验及数据记录。

⑥ 反行程校验　正行程校验至刻度上限，并保持 1min 进行耐压检定后，由大到小按⑤过程校验各确定点并数据记录。

⑦ 误差计算公式

$$绝对误差＝被校表示值－标准表示值$$

$$相对百分误差＝\frac{最大绝对误差}{量程}×100\%$$

$$变差＝\frac{(上行绝对误差－下行绝对误差)_{max}}{量程}×100\%$$

6. 数据记录及处理

按表 3-1 进行数据记录，并计算进行数据分析。

表 3-1　试验数据记录表

数据记录						
	0%	20%	40%	60%	80%	100%
标准压力/MPa						
上行程输出压力/MPa						
下行程输出压力/MPa						
数据处理						
上行绝对误差/MPa						
下行绝对误差/MPa						
绝对变差/MPa						
基本误差/%						
变差/%						
结论						

 【相关知识】

压力是指均匀垂直地作用在单位面积上的力。其表达式如下：

$$p = \frac{F}{S} \tag{3-1}$$

国际单位制规定，压力的单位为帕斯卡，简称帕（Pa）。工程上经常使用兆帕（MPa），帕与兆帕之间的关系如下：

$$1Pa = 1N/m^2 \tag{3-2}$$

$$1MPa = 1 \times 10^6 Pa \tag{3-3}$$

表 3-2 给出几种单位之间的换算关系表。

表 3-2　各种压力单位换算表

压力单位	帕 Pa	兆帕 MPa	工程大气压 kgf/cm²	物理大气压 atm	汞柱 mmHg	水柱 mH₂O	磅/英寸² lb/in²
帕	1	1×10^6	1.0197×10^{-5}	9.869×10^{-6}	7.501×10^{-3}	1.0197×10^{-4}	1.450×10^{-4}
兆帕	1×10^6	1	10.197	9.869	7.501×10^3	1.0197×10^2	1.450×10^2
工程大气压	9.807×10^4	9.807×10^{-2}	1	0.9678	735.6	10.00	14.22
物理大气压	1.0133×10^5	0.10133	1.0332	1	760	10.33	14.70
汞柱	1.3332×10^2	1.3332×10^{-4}	1.3595×10^{-3}	1.3158×10^{-3}	1	0.0136	1.934×10^{-2}
水柱	9.806×10^3	9.806×10^{-3}	0.1000	0.09678	73.55	1	1.422
磅/英寸²	6.895×10^3	6.895×10^{-3}	0.07031	0.06805	51.71	0.7031	1
巴	1×10^5	0.1	1.0197	0.9869	750.1	10.197	14.50

在压力测量中，常有表压、绝对压力、负压或真空度之分。其关系见图 3-2。

当被测压力高于大气压时，工程上一般用表压表示压力。表压与绝对压力和大气压力之间的关系如下：

$$p_{表压} = p_{绝对压力} - p_{大气压力} \tag{3-4}$$

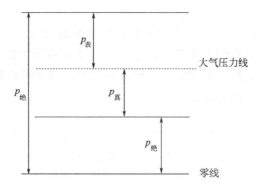

图 3-2 绝对压力、表压、负压（真空度）的关系

当被测压力低于大气压力时，一般用负压或真空度来表示。真空度与大气压力和绝对压力之间的关系如下：

$$p_{真空度} = p_{大气压力} - p_{绝对压力} \tag{3-5}$$

测量压力或真空度的仪表按照其转换原理的不同，分为四类。

（1）液柱式压力计

根据流体静力学原理，将被测压力转换成液柱高度进行测量。按其结构形式的不同，有 U 形管压力计、单管压力计等。这类压力计的优点是结构简单，使用方便；缺点是其精度受工作液的毛细管作用、密度及视差等因素的影响，测量范围较窄，一般用来测量较低压力、真空度或压力差。

（2）弹性式压力计

将被测压力转换成弹性元件变形的位移进行测量。

（3）电气式压力计

是通过机械和电气元件将被测压力转换成电量（如电压、电流、频率等）来进行测量的仪表。

（4）活塞式压力计

根据水压机液体传送压力的原理，将被测压力转换成活塞上所加平衡砝码的重量来进行测量。优点是测量精度很高，允许误差可小到 0.05％～0.02％。缺点是结构较复杂，价格较高。

1. 弹性式压力计

弹性式压力计是利用各种形式的弹性元件，在被测介质压力的作用下，使弹性元件受压后产生弹性变形的原理而制成的测压仪表。这种仪表的优点是结构简单，使用可靠，读数清晰，牢固可靠，价格低廉，测量范围宽以及有足够的精度等，可用来测量几百帕到数千兆帕范围内的压力，是工业上应用最为广泛的一种仪表。

（1）弹性元件

弹性元件是一种简易可靠的测压敏感元件。当测压范围不同时，所用的弹性元件也不一样。

① 弹簧管式弹性元件　弹簧管式弹性元件的测量范围较宽，可测量高达 1000MPa 的压力。单圈弹簧管是弯成圆弧形的金属管子，它的截面做成扁圆形或椭圆形。当通入压力后，它的自由段会产生位移。这种单圆弹簧自由段位移较小，因此能测量较高的压力。为了增加自由段的位移，可以制成多圆弹簧管。

② 薄膜式弹性元件　薄膜式弹性元件根据其结构不同，可以分为膜片与膜盒等。它的测压范围较弹簧管式的较低。它是由金属或非金属材料做成的具有弹性的一张膜片，在压力的作用下能产生变形。有时也可以由两张金属膜片沿周口对焊起来，成一薄壁盒子，内充液体，称为膜盒。

③ 波纹管式弹性元件　波纹管式弹性元件是一个周围为波纹状的薄壁金属筒体。这种金属元件易于变形，而且位移很大，常用于微压与低压的测量。

弹簧管式弹性元件如图 3-3(a) 和（b）所示，波纹管式弹性元件如图 3-3(e) 所示，薄膜式弹性元件如图 3-3(c) 和（d）所示。

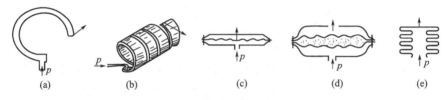

图 3-3　弹性元件示意图

（2）弹簧管压力表

① 分类

a. 按使用的测压元件，分单圈弹簧管压力表与多圈弹簧管压力表。

b. 按用途分普通弹簧管压力表、耐腐蚀的氨用压力表、禁油的氧气压力表等。

② 基本测量原理　单圈弹簧管（图 3-4）是一根弯成 270°圆弧的椭圆截面的空心金属管子。管子的自由端 B 封闭，另一端固定在接头 9 上。当通入被测的压力 p 后，由于椭圆形截面在压力 p 的作用下将趋于圆形，而弯成圆弧形的弹簧管也随之产生扩张变形，同时使弹簧管的自由端 B 产生位移。输入压力 p 越大，产生的变形也越大。由于输入压力与弹簧管自由端 B 的位移成正比，所以只要测得 B 点的位移量，就能反映压力 p 的大小。

注意　弹簧管自由端 B 的位移量一般很小，直接显示有困难，所以必须通过放大机构才能指示出来。

警惕　在化工生产过程中，常需要把压力控制在某一范围内，即当压力低于或高于给定范围时，就会破坏正常工艺条件，甚至可能发生危险。这时应采用带有报警或控制触点的压力表。将普通弹簧管压力表稍加变化，便可成为电接点信号压力表，它能在压力偏离给定范围时，及时发出信号，以提醒操作人员注意或通过中间继电器实现压力的自动控制。

2. 电气式压力计

① 定义　电气式压力计是一种能将压力转换成电信号进行传输及显示的仪表。

② 优点　该仪表的测量范围较广，分别可测 $7 \times 10^{-5} Pa \sim 5 \times 10^{2} MPa$ 的压力，允许误差可至 0.2%。由于可以远距离传送信号，所以在工业生产过程中可以实现压力自动控制和报警，并可与工业控制机联用。

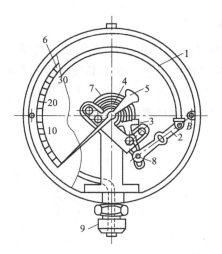

图 3-4 弹簧管压力表

1—弹簧管；2—拉杆；3—扇形齿轮；4—中心齿轮；5—指针；6—面板；
7—游丝；8—调整螺钉；9—接头

③ 组成 电气式压力计一般由压力传感器、测量电路和信号处理装置组成，见图 3-5。常用的信号处理装置有指示仪、记录仪以及控制器、微处理机等。

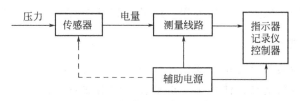

图 3-5 电气式压力计组成方框图

其中压力传感器的作用是把压力信号检测出来，并转换成电信号进行输出，当输出的电信号能够被进一步转换为标准信号时，压力传感器又称为压力变送器。下面简单介绍两类传感器，即应变片压力传感器和压阻式压力传感器。

（1）应变片压力传感器

应变片式压力传感器利用电阻应变原理构成。电阻应变片有金属和半导体应变片两类。被测压力使应变片产生应变。当应变片产生压缩（拉伸）应变时，其阻值减小（增加），再通过桥式电路获得相应的毫伏级电势输出，并用毫伏计或其他记录仪表显示出被测压力，从而组成应变片式压力计，见图 3-6。

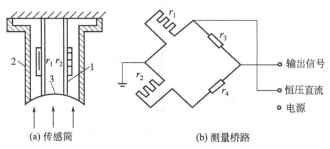

(a) 传感筒   (b) 测量桥路

图 3-6 应变片压力传感器示意图

1—应变筒；2—外壳；3—密封膜

(2) 压阻式压力传感器

压阻式压力传感器利用单晶硅的压阻效应而构成，见图 3-7。采用单晶硅片为弹性元件，在单晶硅膜片上利用集成电路的工艺，在单晶硅的特定方向扩散一组等值电阻，并将电阻接成桥路，单晶硅片置于传感器腔内。当压力发生变化时，单晶硅产生应变，使直接扩散在上面的应变电阻产生与被测压力成比例的变化，再由桥式电路获得相应的电压输出信号。

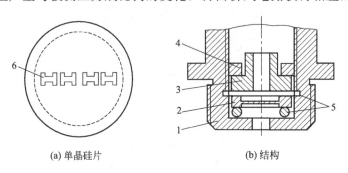

(a) 单晶硅片   (b) 结构

图 3-7 压阻式压力传感器

1—基座；2—单晶硅片；3—导环；4—螺母；5—密封垫圈；6—等效电阻

特点：精度高，工作可靠，频率响应高，迟滞小，尺寸小，重量轻，结构简单；便于实现显示数字化；可以测量压力，稍加改变，还可以测量差压、高度、速度、加速度等参数。

(3) 电容式压力变送器

先将压力的变化转换为电容量的变化，然后进行测量。该变送器具有结构简单、过载能力强、可靠性好、测量精度高、体积小、重量轻、使用方便等一系列优点，目前已成为最受欢迎的压力、差压变送器。其输出信号是标准的 4~20mA 电流信号。

在工业生产过程中，差压变送器的应用数量多于差压变送器。下面以差压变送器为例介绍，两者的原理和结构基本上相同。

电容式差压变送器的原理图如图 3-8 所示，将左右对称的不锈钢底座的外侧加工成环状波纹沟槽，并焊上波纹隔离膜片。基座内侧有玻璃层，基座和玻璃层中央有孔道相通。玻璃层内表面磨成凹球面，球面上镀有金属膜，此金属膜层有导线通往外部，构成电容的左右固定极板。在两个固定极板之间是弹性材料制成的测量膜片，作为电容的中央动极板。在测量

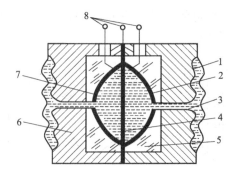

图 3-8 电容式差压变送器原理图

1—隔离膜片；2,7—固定电极；3—硅油；4—测量膜片；

5—玻璃层；6—底座；8—引线

膜片两侧的空腔中充满硅油。

当被测压力分别加于左右两侧的隔离膜片时，通过硅油将差压传递到测量膜片上，使其向压力小的一侧弯曲变形，引起中央动极板与两边固定电极间的距离发生变化，因而两电极的电容量不再相等，而是一个增大、另一个减小，电容的变化量通过引线传至测量电路，通过测量电路的检测和放大，输出一个 4～20mA 的直流电信号。

任务二 智能式差压变送器

1. 实验目的

① 熟悉 EJA 差压变送器的使用要求与内容。
② 根据实训系统测出其相关参数，并由其相关参数来确定变送器的准确性。

2. 实验设备

EJA 差压变送器、DT9205 万能表、BT200 智能手操器、TD-6 智能压力控制器各 1 台。

3. 实验工作原理

EJA 变送器主要由膜盒组件和智能电器转换部件两大部分组成，膜盒组件由单晶硅谐振传感器和特性修正存储器组成。单晶硅谐振传感器上有两个大小完全一致的 H 形状谐振梁。当传感器受压时，由单晶硅谐振传感器上的两个 H 形振动梁分别将差压、压力信号转换为频率信号送到计数器，再将频率之差直接传递到 CPU（微处理器）进行数据处理，同时内置存储器将测量信号、范围、阻尼时间常数、工程单位、自给段信息、恒流输出模式、运算方式存储起来，通过 CPU 经 D/A 转换为与输入信号相对应的 4～20mA，DC 模拟信号输出，并在模拟信号上叠加一个 BRAIN/HART 模拟信号进行通信。通过 I/O 接口与外部设备（如手持智能终端 BT200 以及 DCS 中带通信功能的 I/O 卡）以数字通信方式传递数据。

4. 实验要求

① 仪器设备、工具摆放整齐。
② 设备操作规范。
③ 参数设定准确规范。
④ 原始数据记录完整，计算结果准确。
⑤ 按规定时间完成本实训。

5. 实验步骤

① 检查工具。
② 填写记录单信息和被检点项。

③ 安装变送器（对角上螺钉）。

④ 安装三阀组及垫片（对角上螺钉）。

⑤ 安装数字显示表，开机，设置功能项、清零。

⑥ 用万用表检查线路通断，测电阻。

⑦ 连接线路、管路。

⑧ 检查回路电流。

⑨ 使用手操器设置变送器相关参数。

⑩ 开启三阀组（开平衡阀—高压阀—低压阀—关平衡阀）。

⑪ 关闭截止阀、回检阀，将平衡阀放在中间位置。

⑫ 校验台开机，设置量程的 1.2 倍。

⑬ 按启动键开始造压。

⑭ 开始检验。开始上行程。

⑮ 填写第一个点的数据，以及上行程全部被检点并记录。

⑯ 将压力调到大于量程的 5% 以上后开始回检。

⑰ 开始下行程 5 点测量并记录数据。

⑱ 停用三阀组（开平衡阀—关低压阀—高压阀—关平衡阀）。

⑲ 关闭数字显示表。

⑳ 将启动造压键关闭，开始放压（先开截止阀，再开回检阀）。

㉑ 关闭校验台电源键。

㉒ 拆卸线路与管路。

㉓ 拆卸三阀组与变送器。

㉔ 各部分完整复位。

6. 实验数据记录

① 填写变送器型号（表 3-3）。

表 3-3　变送器型号

名称	
型号选项	
模式	
电源	
输出	
最大工作压力	
出厂量程	
编号	

② 正确设置数字显示表参数（表 3-4）。

表 3-4　数字显示表参数

分度号选择	小数点位置	量程下限	量程上限

③ 设置智能差压变送器的位号、量程，现场液位表头显示实际流量的百分比（表 3-5）。

表 3-5 差压变送器显示数据

位号	单位	量程下限	量程上限	输出模式

④ 安装调试完毕后，进行模拟输出测试，分别输出 4mA、8mA、12mA、16mA、20mA，进行现场与数字显示表对应校验，记入表 3-6。

表 3-6 实验数据记录表

变送器输出电流/mA		4	8	12	16	20
变送器显示值	标准值					
	实测值					
数显表显示值	标准值					
	实测值					

7. 计算

允许误差：_____

最大误差：_____

允许回差：_____

最大回差：_____

结　　论：_____

【相关知识】

智能型压力或差压变送器是在普通压力或差压传感器的基础上增加微处理器电路而形成的智能检测仪表。

1. 智能差压变送器的特点

① 性能稳定，可靠性好，测量精度高，基本误差仅为 $\pm 0.1\%$。

② 量程范围可达 100∶1，时间常数可在 0～36s 内调整，有较宽的零点迁移范围。

③ 具有温度、静压的自动补偿功能，在检测温度时，可对非线性进行自动校正。

④ 具有数字、模拟两种输出方式，能够实现双向数据通信，可以与现场总线网络和上位计算机相连。

⑤ 可以进行远程通信，通过现场通信器，使变送器具有自修正、自补偿、自诊断及错误方式告警等多种功能，简化了调整、校准与维护过程，使维护和使用都十分方便。

2. 智能差压变送器的结构原理

从整体上看，智能差压变送器由硬件和软件两大部分组成。从电路结构上看，它包括传感器部件和电子部件两部分。

以 3051C 型智能差压变送器为例介绍其工作原理，见图 3-9。

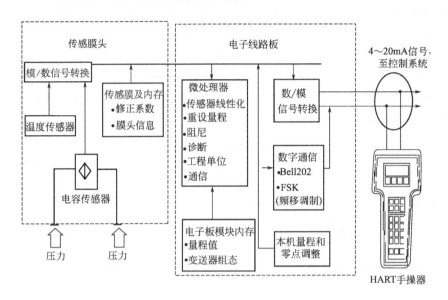

图 3-9　3051C 型智能差压变送器

3051C 型智能差压变送器所用的手持通信器为 275 型，带有键盘及液晶显示器。可以接在现场变送器的信号端子上，就地设定或检测；也可以在远离现场的控制室中，接在某个变送器的信号线上进行远程设定及检测。

手持通信器（图 3-10）可实现如下功能：

① 组态；

② 测量范围的变更；

③ 变送器的校准；

④ 自诊断。

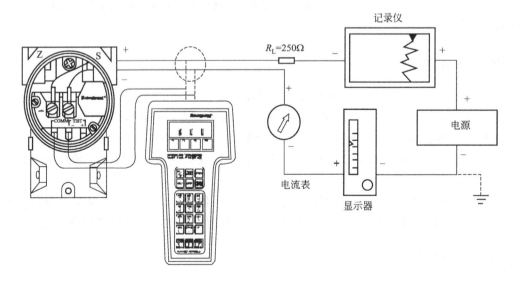

图 3-10　275 型手持通信器

注意　要对智能型差压变送器每五年校验一次。智能型差压变送器与手持通信器结合使用，可远离生产现场，尤其是危险或不易到达的地方，给变送器的运行和维护带来了极大的方便。

3. 压力计的选用及安装

（1）压力计的选用

压力计的选用应根据工艺生产过程对压力测量的要求，结合其他各方面的情况，加以全面的考虑和具体的分析。一般考虑以下几个问题。

① 仪表类型的选用　例如是否需要远传、自动记录或报警；被测介质的物理化学性能是否对测量仪表提出特殊要求；现场环境条件对仪表类型有否特殊要求等。

② 仪表测量范围的确定　仪表的测量范围是指该仪表可按规定的精确度对被测量进行测量的范围，它是根据操作中需要测量的参数的大小来确定的。

根据"化工自控设计技术规定"，在测量稳定压力时，最大工作压力不应超过测量上限的 2/3；测量脉动压力时，最大工作压力不应超过测量上限的 1/2；测量高压压力时，最大工作压力不应超过测量上限值的 3/5。为了保证测量值的准确度，所测的压力值不能太接近于仪表的下限值，即仪表的量程不能选得太大。一般被测压力的最小值不低于仪表满量程的 1/3 为宜。

③ 仪表精度级的选取　仪表精度是根据工艺生产上所允许的最大测量误差来确定的。一般来说，所选用的仪表越精密，所测量结果越精确、可靠。但不能认为选用的仪表精度越高越好，因为越精密的仪表，一般价格越贵，操作和维护越费事。因此，在满足工艺要求的前提下，应尽可能选用精度较低、低廉耐用的仪表。

（2）压力计的安装

① 测压点的选择　应能反映被测压力的真实大小。

a. 要选在被测介质直线流动的管段部分，不要选在管路拐弯、分叉、死角或其他易形成漩涡的地方。

b. 测量流动介质的压力时，应使取压点与流动方向垂直，取压管内端面与生产设备连接处的内壁应保持平齐，不应有凸出物或毛刺。

c. 测量液（气）体压力时，取压点应在管道下（上）部，使导压管内不积存气（液）体。

② 导压管铺设

a. 导压管粗细要合适，一般内径为 6～10mm，长度应尽可能短，最长不得超过 50m，以减少压力指示的迟缓。如超过 50m，应选用能远距离传送的压力计。

b. 导压管水平安装时应保证有（1∶10）～（1∶20）的倾斜度，以利积存于其中的液体（或气体）的排出。

c. 当被测介质易冷凝或冻结时，必须加设保温伴热管线。

d. 取压口到压力计之间应装有切断阀，以备检修压力计时使用。切断阀应装设在靠近取压口的地方。

③ 压力计的安装

a. 压力计应安装在易观察和检修的地方。

b. 安装地点应力求避免振动和高温的影响。

c. 测量蒸汽压力时,应加装凝液管,以防止高温蒸汽直接与测压元件接触 [图 3-11 (a)];对于有腐蚀性介质的压力测量,应加装有中性介质的隔离罐,图 3-11(b) 表示了被测介质密度ρ_2 大于和小于隔离液密度ρ_1 的两种情况。

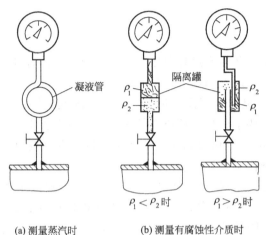

(a) 测量蒸汽时   (b) 测量有腐蚀性介质时

图 3-11　压力计的安装

d. 压力计的连接处,应根据被测压力的高低和介质性质,选择适当的材料作为密封垫片,以防泄漏。

e. 当被测压力较小,而压力计与取压口又不在同一高度时,对由此高度而引起的测量误差应按 $\Delta p = \pm H \rho g$ 进行修正。式中,H 为高度差,ρ 为导压管中介质的密度,g 为重力加速度。

f. 为安全起见,测量高压的压力计除选用有通气孔的外,安装时表壳应向着墙壁或无人通过之处,以防发生意外。

项目四 流量检测

介质流量是控制工业生产过程达到优质高产和安全生产以及进行经济核算所必需的一个重要参数。流量是单位时间内流过管道某一截面的流体数量的大小，即瞬时流量。在某一段时间内流过管道的流体流量的总和，即瞬时流量在某一段时间内的累计值：

质量流量 M $\qquad$ $M = Q\rho$ $\qquad$ $Q = \dfrac{M}{\rho}$ $\qquad$ (4-1)

体积流量 Q，如以 t 表示时间，则流量和总量之间的关系是：

$$Q_\text{总} = \int_0^t Q \mathrm{d}t, \quad Q_\text{总} = \int_0^t M \mathrm{d}t \qquad (4\text{-}2)$$

流量计：测量流体流量的仪表。

计量表：测量流体总量的仪表。

（1）速度式流量计

以测量流体在管道内的流速作为测量依据的仪表。

（2）容积式流量计

以单位时间内所排出的流体的固定容积的数量作为测量依据的仪表。

（3）质量流量计

以测量流体流过的质量 M 为依据的仪表。质量流量计分直接式和间接式两种。

任务一 转子流量计

1. 实验目的

① 熟悉流量仪表的种类、型号、结构、原理及特点。
② 熟悉流量检测装置的结构及使用要求。
③ 掌握流量仪表的校验方法。

2. 实验项目

① 通过实物了解各类流量仪表的组成、特点、安装、使用要求等相关内容。
② 利用流量检测装置对流量仪表进行校验。

3. 实验设备与仪器

① 流量管道　　　　　　1套
② 涡轮流量计　　　　　1台
③ 涡街流量计　　　　　1台
④ 差压流量计　　　　　1台
⑤ 转子流量计　　　　　1台
⑥ 仪表工具　　　　　　1套
⑦ 秒表、温度计　　　　各1只

4. 实验原理

实验装置连接如图 4-1 所示。

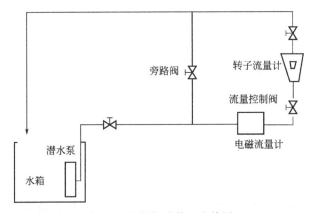

图 4-1　流量校验装置连接图

流量检测装置产生对应流量，采用比较的方法，用标准流量计对被校流量仪表进行校验，将对应点数据进行记录，对记录数据计算分析，完成流量仪表的校验。

5. 注意事项

① 转子流量计使用中，阀门开关操作应缓慢进行，以免流速变化过快损坏转子与锥形管。

② 关闭管道流量前，先通过流量控制阀切断转子流量计流量通道，切断潜水泵电源，打开流量控制阀，让水倒流。

6. 操作步骤

① 熟悉装置流程及相应流量仪表，了解各环节组成及安装方法。
② 检查水箱水位，保持大约 2/3 高度。
③ 检查电磁流量计单位，应与被校仪表一致。
④ 在流量控制阀切断、其他阀全开情况下接通潜水泵电源，开启流量装置。
⑤ 根据转子流量计量程确定校验点。
⑥ 先缓慢开启流量控制阀，关小旁路阀，使转子稳定在微小流量位置。

⑦ 正行程校验　调整流量控制阀，从小到大对各校验点进行测试。

⑧ 反行程校验　调整流量控制阀，从大到小对各校验点进行测试。

⑨ 数据记录及处理　按表 4-1 进行数据记录并计算，进行数据分析。

表 4-1　试验数据记录表

数据记录						
标准流量（　） （电磁流量计）	0%	20%	40%	60%	80%	100%
上行程流量（　）						
下行程流量（　）						
数据处理						
上行绝对误差（　）						
下行绝对误差（　）						
绝对变差（　）						
基本误差（%）						
变差（%）						
结论						

 【相关知识】

1. 工作原理

转子流量计采用的是恒压降、变节流面积的流量测量方法，见图 4-2。

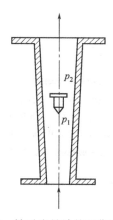

图 4-2　转子流量计的工作原理图

转子流量计中转子的平衡条件是

$$V(\rho_t - \rho_f)g = (p_1 - p_2)A \tag{4-3}$$

由式（4-3）可得

$$\Delta p = p_1 - p_2 = \frac{V(\rho_t - \rho_f)g}{A}$$

根据转子浮起的高度，可以判断被测介质的流量大小

$$M = \phi h \sqrt{2 \rho_t \Delta p} \quad \text{或} \quad Q = \phi h \sqrt{\frac{2}{\rho_f} \times \Delta p} \tag{4-4}$$

式中，ρ_t 为转子密度；ρ_f 为流体密度；V 为转子体积；Δp 为转子前后压差；A 为转子最大截面积；ϕ 为仪表常数。

2. 电远传式转子流量计

它可以将反映流量大小的转子高度 h 转换为电信号，适合于远传，进行显示或记录。
LZD 系列电远传式转子流量计主要由流量变送及电动显示两部分组成。

(1) 流量变送部分 （图 4-3）

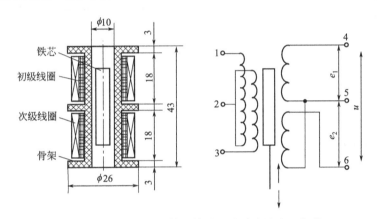

图 4-3　LZD 系列电远传式转子流量计流量变送部分

(2) 电动显示部分 （图 4-4）

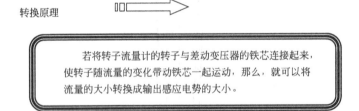

图 4-4　LZD 系列电远传式转子流量计电动显示部分

任务二　孔板流量计流量

1. 实验目的

① 了解孔板流量计的结构及其使用方法。

② 熟悉单回路流量控制系统的组成。

③ 试比较孔板流量计和涡轮流量计之间的不同之处。

2. 实验设备

CS2000 型过程控制实验装置：上位机软件、DCS 控制系统、DCS 监控软件。

3. 孔板流量计的工作原理

节流式差压流量计由三部分组成：节流装置、差压变送器和流量显示仪表。

工作原理 充满管道的流体，当它流经管道内的节流件时，流束将在节流件处形成局部收缩。此时流速增大，静压降低，在节流前后产生差压，流量越大，差压越大，因而可依据差压来衡量流量的大小。这种测量方法是以流动连续性方程（质量守恒定律）和伯努利方程（能量守恒定律）为基础的，差压的大小不仅和流量，还与其他许多因素有关，如节流装置形式、管道内流体的物理性质（密度、黏度）及流动状况等。

节流式差压流量计的流量计算式

$$q_{\mathrm{m}} = \frac{C}{\sqrt{1-\beta^4}} \varepsilon \frac{\pi}{4} d^2 \sqrt{2\Delta p \, \rho_1}$$

$$q_{\mathrm{v}} = q_{\mathrm{m}}/\rho_1$$

式中　q_{m}——质量流量，kg/s；

　　　q_{v}——体积流量，m³/s；

　　　C——流出系数；

　　　ε——可膨胀性系数；

　　　β——直径比，$\beta = d/D$；

　　　Δp——差压，Pa；

　　　d——工作条件下节流件的孔径，m；

　　　D——工作条件下上游管道内径，m；

　　　ρ_1——上游流体密度，kg/m³。

由上式可见，流量为 C、ε、d、ρ、Δp、$\beta(D)$ 6 个参数的函数，此 6 个参数可分为实测量 $[d$、ρ、Δp、$\beta(D)]$ 和统计量（C、ε）两类。实测量有的在制造安装时测定，如 d 和 $\beta(D)$，有的在仪表运行时测定，如 Δp 和 ρ；统计量则是无法实测的量（指按标准文件制造安装，不经校准使用），在现场使用时由标准文件确定的 C 及 ε 值与实际值是否符合，是由设计、制造、安装及使用一系列因素决定的，只有完全遵循标准文件（如 GB/T 2624—93）的规定，其实际值才会与标准值符合。但是，一般现场是难以做到的，因此，检查偏离标准就成为现场使用的必要工作。

标准孔板又称同心直角孔板。孔板是一块加工成圆形的具有锐利直角边缘开孔的薄板。标准孔板有三种取压方式：法兰取压、角接取压和径距取压。

4. 实验原理

流量单回路控制系统原理如图 4-5 所示。

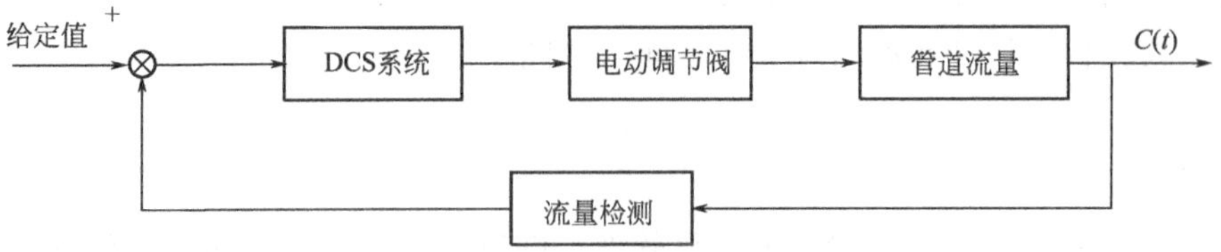

图 4-5　流量单回路控制系统

5. 实验内容与步骤

① 打开以水泵、孔板流量计组成的动力支路。

② 启动实验装置

(1) 比例调节器（P）控制

① 把调节器置于"手动"状态，积分时间常数为零，微分时间常数为零，设置相关的参数，使调节器工作在比例调节上。

② 启动工艺流程并开启相关仪器和计算机系统，在开环状态下，利用调节器的手动操作按钮，把被调量管道的流量调到给定值（一般把流量控制在流量量程的 50% 处）。

③ 运行 DCS 组态软件，进入实验系统相关的实验。

④ 观察计算机显示屏上实时的响应曲线，待流量基本稳定于给定值后，即可将调节器由"手动"状态切换到"自动"状态，使系统变为闭环控制运行。待系统的流量趋于平衡不变后，加入阶跃信号（一般可通过改变设定值的大小来实现）。经过一段时间运行后，系统进入新的平稳状态。由记录曲线观察并记录在不同的比例 P 下系统的余差和超调量（表 4-2）。

表 4-2　不同 P 值时的余差和超调量

P	大	中	小
余差 e_{ss}			
超调量 σ_p			

⑤ 记录软件中实时曲线的过程数据，做出一条完整的过渡过程曲线。

(2) 比例积分调节器（PI）控制

① 在比例调节控制实验的基础上，加上积分作用"I"，即把"I"（积分）设置为一参数，根据不同的情况，设置不同的大小。观察被控变量能否回到原设定值的位置，以验证系统在 PI 调节器控制下，系统的阶跃扰动无余差产生。

② 固定比例 P 值，然后改变调节器的积分时间常数 T_I 值，观察加入阶跃扰动后被调量的输出波形，并记录不同 T_I 值时的超调量 σ_p（表 4-3）。

表 4-3　不同 T_I 值时的超调量 σ_p

积分时间常数 T_I	大	中	小
超调量 σ_p			

③ 固定 T_I 于某一值，然后改变比例 P 的大小，观察加阶跃扰动后被调量的动态波形，

并列表记录不同值的超调量（表 4-4）。

表 4-4 不同 P 值下的超调量 σ_{p}

比例 P	大	中	小
超调量 σ_{p}			

④ 选择合适的 P 和 T_{I} 值，使系统对阶跃输入（包括阶跃扰动）的输出响应为一条较满意的过渡过程曲线。此曲线可通过改变设定值（如把设定值由 50％变为 60％）来获得。

6. 实验报告

① 画出流量控制系统的实验线路图。
② 作出 P 调节器控制时，不同 P 值下的阶跃响应曲线。
③ 作出 PI 调节器控制时，不同 P 和 T_{I} 值时的阶跃响应曲线。

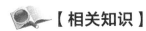 【相关知识】

差压式（也称节流式）流量计是基于流体流动的节流原理，利用流体流经节流装置时产生的压力差而实现流量测量的。通常是由能将被测流量转换成压差信号的节流装置和能将此压差转换成对应的流量值显示出来的差压计以及显示仪表所组成。

1. 节流现象与流量基本方程式

流体在有节流装置的管道中流动时，在节流装置前后的管壁处，流体的静压力产生差异的现象称为节流现象。

节流装置就是在管道中放置的一个局部收缩元件，应用最广泛的是孔板，其次是喷嘴、文丘里管。

注意 要准确测量出截面Ⅰ、Ⅱ处的压力有困难，因为产生最低静压力 p_2' 的截面Ⅱ的位置随着流速的不同会改变。因此在孔板前后的管壁上选择两个固定的取压点，来测量流体在节流装置前后的压力变化，因而所测得的压差与流量之间的关系，与测压点及测压方式的选择是紧密相关的。孔板装置如图 4-6 所示。

节流基本方程式

流量基本方程式是阐明流量与压差之间定量关系的基本流量公式。它是根据流体力学中的伯努利方程和流体连续性方程式推导而得的：

$$Q = \alpha \varepsilon F_0 \sqrt{\frac{2}{\rho_1} \Delta p} \qquad M = \alpha \varepsilon F_0 \sqrt{2 \rho_1 \Delta p} \qquad (4\text{-}5)$$

可以看出，要知道流量与压差的确切关系，关键在于 α 的取值。流量与压力差 Δp 的平方根成正比。

2. 标准节流装置

国内外把最常用的节流装置、孔板、喷嘴、文丘里管等标准化，并称为"标准节流装置"。采用标准节流装置进行设计计算时，都有统一标准的规定、要求和计算所需要的通用化

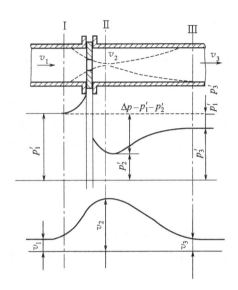

图 4-6　孔板装置及压力、流速

实验数据资料。

（1）节流装置的选用

① 在加工制造和安装方面，以孔板为最简单，喷嘴次之，文丘里管最复杂。造价高低也与此相对应。实际上，在一般场合下，以采用孔板为最多。

② 当要求压力损失较小时，可采用喷嘴、文丘里管等。

③ 在测量某些易使节流装置腐蚀、沾污、磨损、变形的介质流量时，采用喷嘴较采用孔板为好。

④ 在流量值与压差值都相同的条件下，使用喷嘴有较高的测量精度，而且所需的直管长度也较短。

⑤ 如被测介质是高温、高压的，则可选用孔板和喷嘴。文丘里管只适用于低压的流体介质。

（2）节流装置的安装使用

① 必须保证节流装置的开孔和管道的轴线同心，并使节流装置端面与管道的轴线垂直。

② 在节流装置前后长度为 2 倍于管径（2D）的一段管道内壁上，不应有凸出物和明显的粗糙或不平现象。

③ 任何局部阻力（如弯管、三通管、闸阀等）均会引起流速在截面上重新分布，引起流量系数变化。所以在节流装置的上、下游必须配置一定长度的直管。

④ 标准节流装置（孔板、喷嘴）一般都用于直径 $D \geqslant 50\text{mm}$ 的管道中。

⑤ 被测介质应充满全部管道并且连续流动。

⑥ 管道内的流束（流动状态）应该是稳定的。

⑦ 被测介质在通过节流装置时应不发生相变。

3. 力矩平衡式差压变送器

变送器是单元组合式仪表中不可缺少的基本单元之一。

所谓单元组合式仪表，是将对参数的检测及其变送、显示、控制等各部分，分别做成只完成某一种功能而又能各自独立工作的单元仪表（简称单元，例如变送单元、显示单元、控制单元等）。

（1）分类

按使用的能源不同，单元组合式仪表有气动单元组合仪表（QDZ型）和电动单元组合仪表（DDZ型）。

差压变送器可以将差压信号 Δp 转换为统一标准的气压信号或电流信号，可以连续地测量差压、液位、分界面等工艺参数。当它与节流装置配合时，可以用来连续测量液体、蒸汽和气体的流量。

力矩平衡式差压变送器是一种典型的自平衡检测仪表，它利用负反馈的工作原理克服元件材料、加工工艺等不利因素的影响，使仪表具有较高的测量准确度（一般为0.5级）、工作稳定、可靠、线性好、不灵敏区小、温度误差小等一系列优点。

（2）举例

以 DDZ-Ⅲ型差压变送器（图4-7）为例。

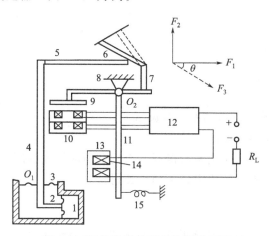

图4-7　DDZ-Ⅲ型差压变送器示意图

1—测量气室；2—测量膜片；3—支点；4—主杠杆；5—推板；6—矢量板；

7—拉杆；8—支撑簧片；9—动铁芯；10—差动变送器；11—副杠杆；

12—放大器；13—永久磁钢；14—可动线圈；15—调零弹簧

DDZ-Ⅲ型差压变送器将差压信号转换为4～20mA的直流电流信号。

该变送器是按力矩平衡原理工作的。根据主、副杠杆的平衡条件，可以推导出被测压力 Δp 与输出信号 $I_。$ 的关系。

当主杠杆平衡时，应是

$$F_{测} l_1 = F_1 l_2 \tag{4-6}$$

式中，l_1、l_2 分别为 $F_{测}$、F_1 离支点 O_1 的距离。

$$F_1 = \frac{l_1}{l_2} f \Delta p = K_1 \Delta p \tag{4-7}$$

式中，$K = \dfrac{l_1}{l_2} f$ 为一比例系数。

而
$$F_2 = F_1 \tan\theta = K_1 \Delta p \tan\theta \qquad (4\text{-}8)$$
$$F_2 l_3 = F_电 l_4 \qquad (4\text{-}9)$$

式中，l_3、l_4 分别为 F_2 及电磁力离副杠杆十字支撑簧片的距离。
$$F_电 = K_2 I_o \qquad (4\text{-}10)$$

将式（4-10）代入式（4-9），得
$$F_2 = \frac{l_4}{l_3} K_2 I_o = K_3 I_o \qquad (4\text{-}11)$$

联立式（4-8）与式（4-11），得
$$I_o = K \Delta p \tan\theta \qquad (4\text{-}12)$$

式中，$K = \dfrac{K_1}{K_3}$ 为转换比例系数。

4. 差压式流量计的测量误差

在现场实际应用时，往往具有比较大的测量误差，有的甚至高达 $10\% \sim 20\%$。

注意　不仅需要合理地选型、准确的设计计算和加工制造，更要注意正确地安装、维护和符合使用条件等，才能保证差压式流量计有足够的实际测量精度。

误差产生的原因：
① 被测流体工作状态的变动；
② 节流装置安装不正确；
③ 孔板入口边缘磨损；
④ 导压管安装不正确，或有堵塞、渗漏现象；
⑤ 差压计安装或使用不正确。

导压管要正确地安装，防止堵塞与渗漏，否则会引起较大的测量误差。对于不同的被测介质，导压管的安装亦有不同的要求，下面分类讨论。

（1）测量液体流量

测量液体流量时，应该使两根导压管内都充满同样的液体而无气泡，以使两根导压管内的液体密度相等。

① 取压点应该位于节流装置的下半部，与水平线夹角 α 为 $0° \sim 45°$（图 4-8）。

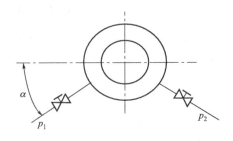

图 4-8　取压点位置示意图

② 引压导管最好垂直向下，如条件不许可，导压管也应下倾一定坡度［至少（1：20）～（1：10）］，使气泡易于排出，如图 4-9 所示。

③ 在引压导管的管路中，应有排气的装置。

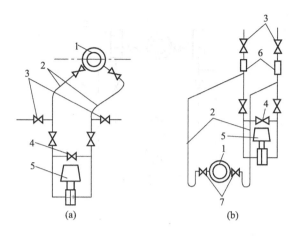

图 4-9 测量液体流量时的连接图

1—节流装置；2—引压导管；3—放空阀；4—平衡阀；5—差压变送器；6—储气罐；7—切断阀

（2）测量气体流量

测量气体流量时，上述的这些基本原则仍然适用。

① 取压点应在节流装置的上半部。

② 引压导管最好垂直向上，至少也应向上倾斜一定的坡度，以使引压导管中不滞留液体。

③ 如果差压计必须装在节流装置之下，则需加装储液罐和排放阀，如图 4-10 所示。

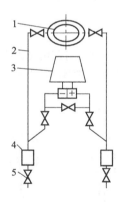

图 4-10 测量气体流量的连接图

1—节流装置；2—引压导管；3—差压变送器；4—储液罐；5—排放阀

（3）测量蒸汽流量

测量蒸汽流量时，要实现上述的基本原则，必须解决蒸汽冷凝液的等液位问题，以消除冷凝液液位的高低对测量精度的影响。常见的接法如图 4-11 所示。

差压计或差压变送器安装或使用不正确，也会引起测量误差。

由引压导管接至差压计或变送器前，必须安装切断阀 1、2 和平衡阀 3，如图 4-12 所示。

测量腐蚀性（或因易凝固不适宜直接进入差压计）的介质流量时，必须采取隔离措施。常用的两种隔离罐形式如图 4-13 所示。

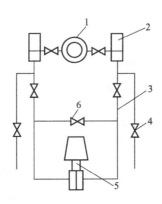

图 4-11　测量蒸汽流量的连接图

1—节流装置；2—凝液罐；3—引压导管；4—排放阀；5—差压变送器；6—平衡阀

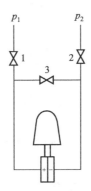

图 4-12　差压计阀组安装示意图

1,2—切断阀；3—平衡阀

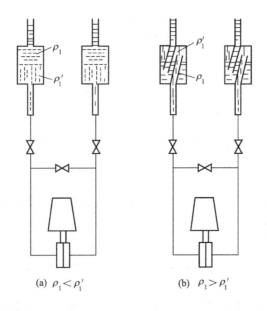

图 4-13　两种隔离罐形式

任务三 漩涡流量计

1. 实验目的

① 了解涡轮流量计的结构及其使用方法。
② 熟悉单回路流量控制系统的组成。
③ 试比较涡轮流量计和孔板流量计之间的不同之处。

2. 实验设备

AE2000A 型过程控制实验装置：上位机软件、DCS 控制系统、DCS 监控软件。

3. 涡轮流量计的工作原理

（1）基本结构

涡轮流量计可分为两部分：传感器部分和放大器部分。

传感器的基本结构组成由壳体、前导向架、轴、叶轮、后导向架、压紧圈等组成。

放大器主要由带电磁感应转换器的放大器组成。

前导向架和后导向架安装在壳体中，轴安装在导向架上，同时因导向架上有几片呈辐射形的整流片，还可以起一定的整流作用，使流体基本上沿着平行于轴线的方向流动。前、后导向架是用压紧圈固定在壳体上的。

叶轮中有轴承套在轴上，可以灵活地旋转。叶轮上均匀分布着叶片，液体流过时冲击叶片，使叶轮产生转动。

（2）工作原理

当被测流体流经传感器时，传感器内的叶轮借助于流体的动能而产生旋转，周期性地改变电磁感应转换系统中的磁阻值，使通过线圈的磁通量周期性地发生变化而产生电脉冲信号。在一定的流量范围下，叶轮转速与流体流量成正比，即电脉冲数量与流量成正比。该脉冲信号经放大器放大后送至二次仪表进行流量和累积量的显示或积算。

在测量范围内，传感器的输出脉冲总数与流过传感器的体积总量成正比，其比值称为仪表常数，以 ξ（次/L）表示。每台传感器都经过实际标定测得仪表常数值。当测出脉冲信号的频率 f 和某一段时间内的脉冲总数 N 后，分别除以仪表常数 ξ（次/L），便可求得瞬时流量 q（L/s）和累积流量 Q（L），即 $q = f/\xi$，$Q = N/\xi$。

4. 实验原理

流量单回路控制系统见图 4-14。

5. 实验内容与步骤

打开以水泵、涡轮流量计组成的动力支路，启动实验装置。

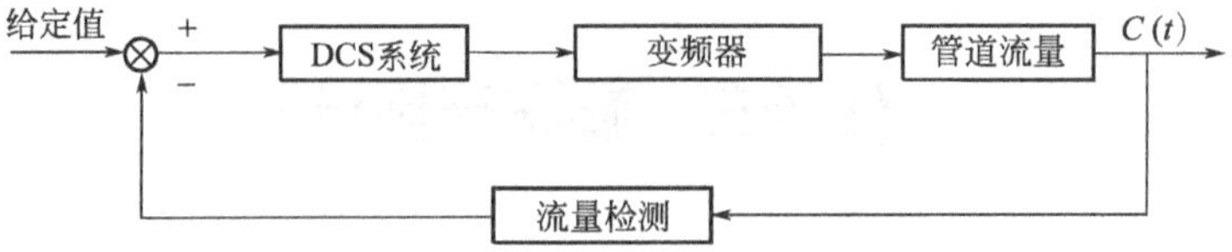

图 4-14　流量单回路控制系统

(1) 比例调节器 (P) 控制

① 把调节器置于"手动"状态,积分时间常数为零,微分时间常数为零,设置相关的参数,使调节器工作在比例调节上。

② 启动工艺流程并开启相关仪器和计算机系统,在开环状态下,利用调节器的手动操作按钮把被调量管道的流量调到给定值(一般把流量控制在流量量程的 50% 处)。

③ 运行 DCS 组态软件,进入实验系统相关的实验。

④ 观察计算机显示屏上实时的响应曲线,待流量基本稳定于给定值后,即可将调节器由"手动"状态切换到"自动"状态,使系统变为闭环控制运行。待系统的流量趋于平衡不变后,加入阶跃信号(一般可通过改变设定值的大小来实现)。经过一段时间运行后,系统进入新的平稳状态。由记录曲线观察并记录在不同的比例 P 下系统的余差和超调量,表格见表 4-5。

表 4-5　不同 P 值时的余差和超调量

P	大	中	小
余差 e_{ss}			
超调量 σ_p			

⑤ 记录软件中的实时曲线的过程数据,做出一条完整的过渡过程曲线。

(2) 比例积分调节器 (PI) 控制

① 在比例调节控制实验的基础上,加上积分作用"I",即把"I"(积分)设置为一参数,根据不同的情况,设置不同的大小。观察被控变量能否回到原设定值的位置,以验证系统在 PI 调节器控制下,系统的阶跃扰动无余差产生。

② 固定比例 P 值,然后改变调节器的积分时间常数 T_I 值,观察加入阶跃扰动后被调量的输出波形,并记录不同 T_I 值时的超调量 σ_p。表格如表 4-6 所示。

表 4-6　不同 T_I 值时的超调量 σ_p

积分时间常数 T_I	大	中	小
超调量 σ_p			

③ 固定 T_I 于某一值,然后改变比例 P 的大小,观察加阶跃扰动后被调量的动态波形,并列表记录不同值的超调量。表格如表 4-7 所示。

表 4-7　不同 P 值下的超调量 σ_p

比例 P	大	中	小
超调量 σ_p			

④ 选择合适的 P 和 T_I 值，使系统对阶跃输入（包括阶跃扰动）的输出响应为一条较满意的过渡过程曲线。此曲线可通过改变设定值（如把设定值由 50％变为 60％）来获得。

6. 实验报告

① 画出流量控制系统的实验线路图。
② 作出 P 调节器控制时，不同 P 值下的阶跃响应曲线。
③ 作出 PI 调节器控制时，不同 P 和 T_I 值时的阶跃响应曲线。

【相关知识】

漩涡流量计精度高，测量范围宽，没有运动部件，无机械磨损，维护方便，压力损失小，节能效果明显。

漩涡流量计是利用有规则的漩涡剥离现象来测量流体流量的仪表，见图 4-15。满足 $h/L=0.281$ 时，所产生的涡街是稳定的。

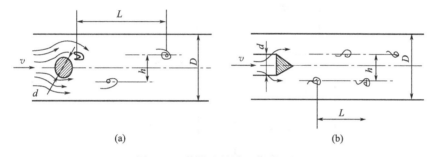

(a) (b)

图 4-15　漩涡流量计工作原理图

其工作原理如图 4-16 所示。

漩涡频率的检测方法

漩涡频率有两种检测方法。

① 检测漩涡发生时的流速变化。如由圆柱体形成的卡曼漩涡，其单侧漩涡产生的频率为

$$f=S_f\frac{v}{d}$$

② 检测漩涡发生时的压力变化，采用应变元件、压电元件、光电元件等。

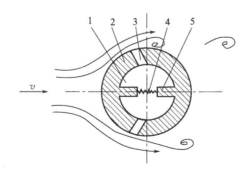

图 4-16　圆柱检出器原理图

1—空腔；2—圆柱棒；3—导压孔；4—铂电阻丝；5—隔墙

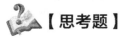

【思考题】

① 为什么说转子流量计是定压式流量计？

② 用转子流量计测气压为 0.65MPa、温度为 40℃的 CO_2 气体流量时，若已知流量计读数为 50L/s，求 CO_2 的真实流量（已知 CO_2 在标准状态时的密度为 1.977kg/m³）。

③ 水刻度的转子流量计，测量范围为 0～10L/min，转子用密度为 7920kg/m³ 的不锈钢制成。若用来测量密度为 0.831kg/L 苯的流量，问测量范围为多少？若这时转子材料改为由密度为 2750kg/m³ 的铝制成，问这时用来测量水的流量及苯的流量，其测量范围各为多少？

④ 涡轮流量计的工作原理及特点是什么？

⑤ 测量高温液体（指它的蒸汽在常温下要冷凝的情况）时，经常在负压管上装有冷凝罐（图 4-17），问这时用差压变送器测量液位时，要不要迁移？如要迁移，迁移量应如何考虑？

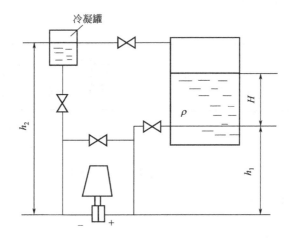

图 4-17　测量高温液体的流量接线图

项目五 物位测量仪表

物位检测是对设备和容器中物料储量多少的度量。物位检测为保证生产过程的正常运行，如调节物料平衡、掌握物料消耗数量、确定产品产量等提供可靠依据。在现代工业生产自动化过程监测中，物位检测占有重要的地位。

任务一 二阶双容下水箱对象特性测试实验

1. 实验目的

① 熟悉双容水箱的数学模型及其阶跃响应曲线。

② 根据由实际测得的双容液位阶跃响应曲线，分析双容系统的飞升特性。

2. 实验设备

CS2000 型过程控制实验装置，PC，DCS 控制系统与监控软件。

3. 实验原理

如图 5-1 所示，由两个一阶非周期惯性环节串联起来，输出量是下水箱的水位 h_2。当输入量有一个阶跃增加 ΔQ_1 时，输出量变化的反应曲线如图 5-2 所示的 Δh_2 曲线。它不再是简单的指数曲线，而是使调节对象的飞升特性在时间上更加落后一步。在图中 S 形曲线的

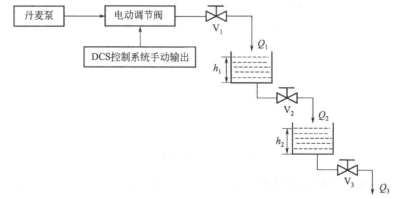

图 5-1 双容水箱系统结构图

拐点 P 上做切线，它在时间轴上截出一段时间 OA。这段时间可以近似地衡量由于多了一个容量而使飞升过程向后推迟的程度，因此称容量滞后，通常以 τ 代表之。设流量 Q_1 为双容水箱的输入量，下水箱的液位高度 h_2 为输出量，根据物料动态平衡关系，并考虑到液体

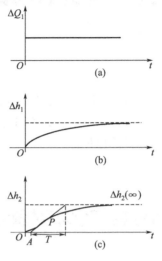

图 5-2 输出量变化曲线图

传输过程中的时延，其传递函数为：

$$\frac{H_2(s)}{Q_1(s)} = G(s) = \frac{K}{(T_1s+1)(T_2s+1)} e^{-\tau s} \tag{5-1}$$

式中，$K = R_3$；$T_1 = R_2 C_1$；$T_2 = R_3 C_2$；R_2 和 R_3 分别为阀 V_2 和 V_3 的液阻；C_1 和 C_2 分别为上水箱和下水箱的容量系数。式中的 K、T_1 和 T_2 须从实验求得的阶跃响应曲线上求出。具体的做法是在图 5-3 所示的阶跃响应曲线上取：

① $h_2(t)$ 稳态值的渐近线 $h_2(\infty)$；

② $h_2(t)|t=t_1 = 0.4 h_2(\infty)$ 时曲线上的点 A 和对应的时间 t_1；

③ $h_2(t)|t=t_2 = 0.8 h_2(\infty)$ 时曲线上的点 B 和对应的时间 t_2。

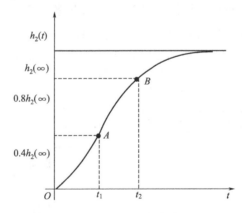

图 5-3 阶跃响应曲线

然后，利用下面的近似公式计算式(5-1) 中的参数 K、T_1 和 T_2。其中：

$$K = \frac{h_2(\infty)}{R_0} = \frac{\text{输入稳态值}}{\text{阶跃输入量}}$$

$$T_1 + T_2 \approx \frac{t_1 + t_2}{2.16}$$

对于式中的二阶过程，$0.32 < t_1/t_2 < 0.46$。当 $t_1/t_2 = 0.32$ 时，$T_1 = T_2 = T = (t_1 + t_2)/2 \times 2.18$，可近似为一阶环节。当 $t_1/t_2 = 0.46$ 时，过程的传递函数为

$$G(s) = \frac{K}{(Ts+1)^2}$$

$$\frac{T_1 T_2}{(T_1 + T_2)^2} \approx \left(1.74 \frac{t_1}{t_2} - 0.55 \right)$$

4. 实验内容和步骤

（1）设备的连接和检查

① 开通以水泵、电动调节阀、孔板流量计以及上水箱出水阀所组成的水路系统，关闭通往其他对象的切换。

② 将下水箱的出水阀开至适当开度。

③ 检查电源开关是否关闭。

（2）实验步骤

① 开启电源开关，启动计算机 DCS 组态软件，进入实验系统相应的实验。

② 开启单相泵电源开关，启动动力支路。在上位机软件界面用鼠标点击调出 PID 窗体框，然后在"MV"栏中设定电动调节阀一个适当开度（此实验必须在手动状态下进行），将被控变量液位高度控制在 30% 处（一般为 10cm）。

③ 观察系统的被调量——水箱的水位是否趋于平衡状态。若已平衡，应记录系统输出值，以及水箱水位的高度 h_2 和上位机的测量显示值并填入表 5-1。

表 5-1　系统输出值记录表

系统输出值	水箱水位高度 h_2	上位机显示值
0～100C　　cm	cm	cm

④ 迅速增加系统手动输出值，增加 10% 的输出量，记录由此引起的阶跃响应的过程参数，均可在上位软件上获得各项参数和数据（记录到表 5-2），并绘制过程变化曲线。

表 5-2　阶跃响应的过程参数

t/s											
水箱水位 h_2/cm											
上位机读数/cm											

⑤ 直到进入新的平衡状态。再次记录测量数据并填入表 5-3。

表 5-3　平衡状态测量数据

系统输出值	水箱水位高度 h_2	上位机显示值
0～100　　cm	cm	cm

⑥ 将系统输出值调回到步骤④前的位置，用秒表和数字表记录由此引起的阶跃响应过程参数与曲线，填入表 5-4。

表 5-4　回调后阶跃响应的过程参数

t/s											
水箱水位 h_2/cm											
上位机读数/cm											

⑦ 重复上述实验步骤。

5. 注意事项

① 做本实验过程中，出水阀不得任意改变开度大小。

② 阶跃信号不能取得太大，以免影响正常运行；但也不能过小，以防止影响对象特性参数的精确性。一般阶跃信号取正常输入信号的 5%～15%。

③ 在输入阶跃信号前，过程必须处于平衡状态。

6. 实验报告要求

① 做出二阶环节的阶跃响应曲线。

② 根据实验原理中所述的方法，求出二阶环节的相关参数。

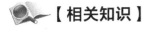 【相关知识】

1. 基本概念

"物位"统指设备和容器中液体或固体物料的表面位置。对应不同性质的物料又有以下的定义：

① 液位指设备和容器中液体介质表面的高低；

② 料位指设备和容器中所储存的块状、颗粒或粉末状固体物料的堆积高度；

③ 界位指相界面位置（容器中两种互不相溶的液体，因其密度不同而形成分界面，为液-液相界面；容器中互不相溶的液体和固体之间的分界面，为液-固相界面。液-液、液-固相界面的位置简称界位）。

物位是液位、料位、界位的总称。对物位进行测量、指示和控制的仪表，称物位检测仪表。

2. 物位检测仪表的分类

由于被测对象种类繁多，检测的条件和环境也有很大差别，所以物位检测的方法多种多样，以满足不同生产过程的测量要求。

按测量方式，物位检测仪表可分为连续测量和定点测量两大类。连续测量方式能持续测量物位的变化。定点测量方式则只检测物位是否达到上限、下限或某个特定位置。定点测量仪表一般称为物位开关。

按工作原理分类，物位检测仪表有直读式、静压式、浮力式、机械接触式、电气式等。

（1）直读式物位检测仪表

采用侧壁开窗口或旁通管方式，直接显示容器中物位的高度。方法可靠、准确，但是只能就地指示。主要用于液位检测和压力较低的场合。

（2）静压式物位检测仪表

基于流体静力学原理，适用于液位检测。容器内的液面高度与液柱重量所形成的静压力成比例关系。当被测介质密度不变时，通过测量参考点的压力可测知液位。

这类仪表有压力式、吹气式和差压式等型式。

（3）浮力式物位检测仪表

基于阿基米德定律，适用于液位检测。漂浮于液面上的浮子或浸没在液体中的浮筒，在液面变动时其浮力会产生相应的变化，从而可以检测液位。这类仪表有各种浮子式液位计、浮筒式液位计等。

（4）机械接触式物位检测仪表

通过测量物位探头与物料面接触时的机械力，实现物位的测量。这类仪表有重锤式、旋翼式和音叉式等。

（5）电气式物位检测仪表

将电气式物位敏感元件置于被测介质中，当物位变化时，其电气参数如电阻、电容等也将改变，通过检测这些电量的变化即可知物位。

（6）其他物位检测方法

如声学式、射线式、光纤式仪表等。

物位检测仪表的分类及主要特性见表5-5。

表5-5　物位检测仪表的分类及主要特性

类别		适用对象	测量范围 /m	允许温度 /℃	允许压力 /MPa	测量方式	安装方式
直读式	玻璃管式	液位	<1.5	100~150	常压	连续	侧面、旁通管
	玻璃板式	液位	<3	100~150	6.4	连续	侧面
静压式	压力式	液位	50	200	常压	连续	侧面
	吹气式	液位	16	200	常压	连续	顶置
	差压式	液位、界位	25	200	40	连续	侧面
浮力式	浮子式	液位	2.5	<150	6.4	连续、定点	侧面顶置
	浮筒式	液位、界位	2.5	<200	32	连续	侧面顶置
	翻板式	液位	<2.4	-20~120	6.4	连续	侧面、旁通管
机械接触式	重锤式	料位、界位	50	<500	常压	连续、断续	顶置
	旋翼式	液位	由安装位置定	80	常压	定点	顶置
	音叉式	液位、料位	由安装位置定	150	4	定点	侧面顶置

续表

类别		适用对象	测量范围/m	允许温度/℃	允许压力/MPa	测量方式	安装方式
电气式	电阻式	液位、料位	由安装位置定	200	1	连续、定点	侧面、顶置
	电容式	液位、料位	50	400	32	连续、定点	顶置
其他	超声式	液位、料位	60	150	0.8	连续、定点	顶置
	微波式	液位、料位	60	150	1	连续	顶置
	称重式	液位、料位	20	常温	常压	连续	在容器钢支架上安装
	核辐射式	液位、料位	20	无要求	随容器定	连续、定点	侧面

3. 常用物位检测仪表

（1）直读式液位计

直接测量是一种最为简单、直观的测量方法，它是利用连通器的原理，将容器中的液体引入带有标尺的观察管中，通过标尺读出液位高度。图 5-4 所示的是玻璃管液位计。

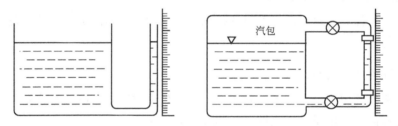

图 5-4 玻璃管液位计

（2）静压式液位计

利用静压原理测量液位，根据液体在容器内的液位与液柱高度产生的静压力成正比的原理进行工作。将压力计与容器底部相连，根据流体静力学原理，所测压力与液位的关系为：

$$P = Hg\rho$$

图 5-5 为用于测量开口容器液位高度的三种压力式液位计。高、低压侧所受到的压力为：

(a) 压力表式液位计　　(b) 法兰式液位变送器　　(c) 吹气式液位计

图 5-5 静压式液位计

$$\Delta p = p_0 + Hg\rho$$

用差压变送器测量时，所受的压差为 $\Delta p = p_1 - p_2 = Hg\rho$，据此差压按下式计算出液位的高度：

$$H = \frac{\Delta p}{\rho g}$$

(3) 法兰式差压变送器的零点迁移问题

当测量有腐蚀性或黏度大、含有颗粒、易凝固等液体的液位时，为避免引压管被腐蚀和堵塞，可用法兰式差压变送器来测量。通过隔离膜片来感受容器内的压力，然后以硅油作为传递压力的介质，经毛细管与变送器的测量室相通。采用硅油传递的好处是它的体积膨胀系数小，凝固点低，适用于寒冷天气和户外安装条件，常温下流动性好，无腐蚀性，性能稳定。

这种使用方式需要进行零点迁移。

① 零点迁移问题　由差压式液位计的测量原理可知，液柱的静压差 Δp 与液位高度 H 满足上式的条件是：

a. 差压变送器的高压室取压口正好与起始液面（$H = 0$）在同一水平面上；

b. 差压变送器低压室的导压管中没有任何气体的冷凝液存在；

c. 被测介质的密度保持不变。

在这种情况下，差压变送器处于理想条件下的无迁移工作状态。

② 正迁移　假定采用的是输出为 4～20mA 的差压变送器，则当液位 $H = 0$ 时，变送器输入信号 $\Delta p = 0$，其输出电流为 4mA，当液位达到测量上限时，变送器的输入信号，$\Delta p = \rho g H_{max}$，其输出电流为 20mA。在实际应用中，如果差压变送器的安装位置不能与最低液位处于同一水平面上，需要将零点进行正迁移，如图 5-6 所示。

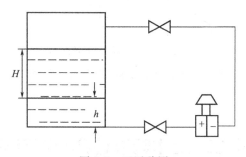

图 5-6　正迁移图

$$p_+ = p_0 = Hg\rho, \quad p_- = p_0, \quad \Delta p = -p_- = Hg\rho + hg\rho$$

与无迁移情况的相比，差压中多出一项 $hg\rho$，即在高压室增加了一个恒定的静压 $hg\rho$，由于它的存在，使得当 $H = 0$ 时，$\Delta p = hg\rho$，此时的变送器输出必然大于 4mA。为了使变送器的输出与被测液位之间仍然保持无迁移情况的对应关系，就必须应用差压变送器的零点迁移功能来抵消这一静压的影响。当 $H = 0$，$\Delta p = hg\rho$ 时，变送器输出为 4mA。由于在这种工作状态下，变送器的起始输入点由零点变为一个正值，因而是正迁移。

③ 负迁移　在工程应用中还经常遇到负迁移的情况。如图 5-7 所示，若被测液体的密度为 ρ_1，隔离液的密度为 ρ_2，且 $\rho_1 > \rho_2$，则变送器高、低压室的压力分别为：

$$p_1 = h_1 \rho_2 g + H \rho_1 g + p_0. \quad p_2 = h_2 \rho_2 g + p_0$$

高低压室所感受的压差为 $\Delta p = p_1 - p_2 = Hg\rho_1 - (h_2 - h_1 \rho_2 g$，与无迁移情况的相比较，总的差压减少了 $(h_2 - h_1)g\rho_2$，即相当于在低压室增加了一个恒定的静压 $(h_2 - h_1)g\rho_2$。由

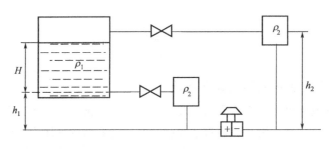

图 5-7　负迁移图

于它的存在，使得当 $H=0$ 时，$\Delta p = -(h_2-h_1)g\rho_2$，此时变送器的输出必然小于 4mA，当 $H=H_{max}$ 时，变送器的输出也达不到 20mA，为了使变送器输出与被测液位之间仍然保持无迁移情况的对应关系，就必须借助差压变送器的零点迁移功能来抵消这个静压力的影响，使得当 $\Delta p = (h_2-h_1)\rho_2 g$ 时，变送器的输出为 4mA。这种情况就是负迁移。

　　针对上述三种情况，如果选用的差压变送器测量范围为 0～5kPa，且零点通过迁移功能抵消的固定静压分别为 +2kPa 和 -2kPa，则这台差压变送器零点迁移特性曲线如图 5-8 所示。

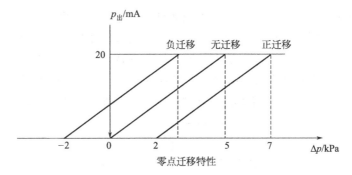

图 5-8　差压变送器零点迁移特性曲线图

任务二　上水箱液位PID整定实验

1. 实验目的

　　① 通过实验熟悉单回路反馈控制系统的组成和工作原理。
　　② 分析分别用 P、PI 和 PID 调节时的过程图形曲线。
　　③ 定性地研究 P、PI 和 PID 调节器的参数对系统性能的影响。

2. 实验设备

　　CS2000 型过程控制实验装置，PC，DCS 控制系统，DCS 监控软件。

3. 实验原理

　　单回路上水箱液位控制系统。单回路调节系统一般指在一个调节对象上用一个调节器来保持一个参数的恒定，而调节器只接受一个测量信号，其输出也只控制一个执行机构。本系统所要保持的参数是液位的给定高度，即控制的任务是控制上水箱液位等于给定值所要求的高度。根据控制框图，这是一个闭环反馈单回路液位控制，采用 DCS 系统控制。当调节方案确定之后，接下来就是整定调节器的参数，一个单回路系统设计安装就绪之后，控制质量的好坏与调节器参数选择有着很大的关系。合适的控制参数，可以带来满意的控制效果。反之，调节器参数选择得不合适，则会使控制质量变坏，达不到预期效果。一个控制系统设计好以后，系统的投运和参数整定是十分重要的工作。

一般言之，用比例调节器（P）的系统是一个有差系统，比例度 δ 的大小不仅会影响到余差的大小，而且也与系统的动态性能密切相关。比例积分调节器（PI），由于积分的作用，不仅能实现系统无余差，而且只要参数 δ、T_i 调节合理，也能使系统具有良好的动态性能。比例积分微分调节器（PID）是在 PI 调节器的基础上再引入微分 D 的作用，从而使系统既无余差存在，又能改善系统的动态性能（快速性、稳定性等）。但是，并不是所有单回路控制系统在加入微分作用后都能改善系统品质，如果容量滞后不大，微分作用的效果并不明显，而对噪声敏感的流量系统，加入微分作用后反而使流量品质变坏。对于本实验系统，在单位阶跃作用下，P、PI、PID 调节系统的阶跃响应分别如图 5-9 中的曲线①、②、③所示。

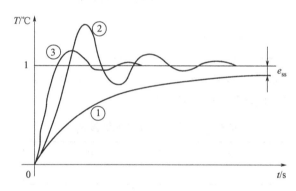

图 5-9　P、PI 和 PID 调节的阶跃响应曲线

4. 实验内容和步骤

（1）设备的连接和检查

① 将 CS2000 实验对象的储水箱灌满水（至最高高度）。

② 打开以水泵、电动调节阀、孔板流量计组成的动力支路至上水箱的出水阀，关闭动力支路上通往其他对象的切换阀门。

③ 打开上水箱的出水阀至适当开度。

（2）实验步骤

① 启动动力支路电源。

② 启动 DCS 上位机组态软件，进入主画面，然后进入相关实验画面。

③ 在上位机软件界面，用鼠标点击调出 PID 窗体框，用鼠标按下自动按钮，在"设定值"栏中输入设定的上水箱液位。

（3）比例调节控制

① 设定给定值，调整 P 参数。

② 待系统稳定后，对系统加扰动信号（在纯比例的基础上加扰动，一般可通过改变设定值实现）。记录曲线在经过几次波动稳定下来后，系统有稳态误差，并记录余差的大小。

③ 减小 P，重复步骤 2，观察过渡过程曲线，并记录余差大小。

④ 增大 P，重复步骤 2，观察过渡过程曲线，并记录余差大小。

⑤ 选择合适的 P，可以得到较满意的过渡过程曲线。改变设定值（如设定值由 50% 变为 60%），同样可以得到一条过渡过程曲线。

注意 每当做完一次试验后，必须待系统稳定后再做另一次试验。

（4）比例积分调节器（PI）控制

① 在比例调节实验的基础上加入积分作用，即在界面上设置 I 参数不为 0，观察被控变量是否能回到设定值，以验证 PI 控制下系统对阶跃扰动无余差存在。

② 固定比例 P 值，改变 PI 调节器的积分时间常数值 T_I，然后观察加阶跃扰动后被调量的输出波形，并记录不同 T_I 值时的超调量 σ_p，填入表 5-6。

表 5-6 不同 T_I 值时的超调量 σ_p

积分时间常数 T_I	大	中	小
超调量 σ_p			

③ 固定 T_I 于某一中间值，然后改变 P 的大小，观察加扰动后被调量输出的动态波形，据此列表记录不同值 P 下的超调量 σ_p，填入表 5-7。

表 5-7 不同 P 值下的超调量 σ_p

比例 P	大	中	小
超调量 σ_p			

④ 选择合适的 P 和 T_I 值，使系统对阶跃输入扰动的输出响应为一条较满意的过程曲线。此曲线可通过改变设定值（如设定值由 50% 变为 60%）来获得。

（5）比例积分微分调节（PID）控制

① 在 PI 调节器控制实验的基础上再引入适量的微分作用，即在软件界面上设置 D 参数，然后加上与前面实验幅值完全相等的扰动，记录系统被控变量响应的动态曲线，并与 PI 控制下的曲线相比较，由此可看到微分 D 对系统性能的影响。

② 选择合适的 P、T_I 和 T_D，使系统的输出响应为一条较满意的过渡过程曲线（阶跃输入可由给定值从 50% 突变至 60% 来实现）。

③ 在历史曲线中选择一条较满意的过渡过程曲线进行记录。

5. 实验报告要求

① 作出 P 调节器控制时，不同 P 值下的阶跃响应曲线。

② 作出 PI 调节器控制时，不同 P 和 T_I 值时的阶跃响应曲线。

③ 画出 PID 控制时的阶跃响应曲线，并分析微分 D 的作用。

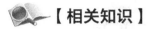

④ 比较 P、PI 和 PID 三种调节器对系统无差度和动态性能的影响。

【相关知识】

1. 浮力式液位计

浮力式液位计有两类。

① 恒浮力式　在测量过程中浮力维持不变，如浮标、浮球等液位计。

② 变浮力式　根据浮筒在液体内浸没的程度不同、所受的浮力不同来测定液位的高低。

（1）恒浮力法测量液位原理

如图 5-10 所示，平衡时：浮标的重量－浮力＝平衡物的重量，即 $W-F=G$，当液位上升时：浮标浸没部分增加，浮力增大，$W-F<G$，浮标上升，浮力下降，使 $W-F=G$。浮标的位置反映了物位的高度，因此只要检测出浮子的位置就可以知道物位。

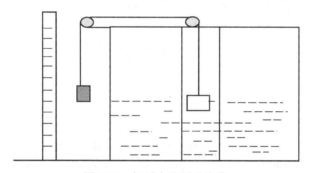

图 5-10　恒浮力法测量液位

浮子位置的检测方法有很多，可以直接指示，也可以将信号远传。图 5-11 给出磁性转换方式构成的舌簧管式液位计结构原理图。仪表的安装方式见图 5-11(c)，在容器内垂直插入下端封闭的不锈钢导管，浮子套在导管外可以上下浮动。图 5-11(a) 导管内的条形绝缘板上紧密排列着舌簧管和电阻，浮子里面装有环形永磁铁。环形永磁铁的两面为 N 极、S 极，其磁力线将沿管内的舌簧管闭合，即处于浮子中央位置的舌簧管将吸合导通，而其他舌簧管则为断开状态。舌簧管和电阻按图 5-11(b) 接线，随着液位的变化，不同舌簧管的导通使电路可以输出与液位相对应的信号。这种液位计结构简单，通常采用两个舌簧管同时吸合，可以提高其可靠性。但是由于舌簧管尺寸及排列的限制，液位信号的连续性较差，且量程不能很大。

图 5-12 所示为一种伺服平衡式浮子液位计。卷绕在鼓轮上的测量钢丝绳前端与浮子连接，浮子静止在液面上时，对钢丝绳产生一定的张力。当液位变化时，浮子所受浮力改变，钢丝绳张力亦变化，这使传动轴的转矩改变，并引起平衡弹簧的伸缩，由张力检测磁铁和磁束感应传感器组成的张力传感器的输出将变化，经与标准张力值比较而给出偏差信号，使步进电机向减少偏差的方向转动。步进电机带动由传动皮带、蜗杆、蜗轮和磁耦合内外轮构成的传动机构，使鼓轮旋转，并使浮子移动，直至浮力恢复到原来的数值。鼓轮的旋转量即步进电机的驱动步数，反映了液位的变化量。这种连续控制，使浮子可以跟踪液位变化，仪表配有微处理器，可以进行信号转换、运算和修正，可以现场显示，也可以将信号远传。

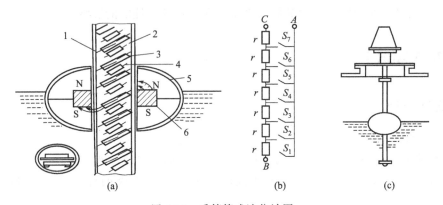

图 5-11　舌簧管式液位计图

1—导管；2—条形绝缘板；3—舌簧管；4—电阻；5—浮子；6—磁环

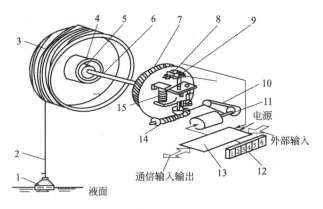

图 5-12　伺服平衡式浮子液位计示意图

1—浮子；2—测量钢丝；3—鼓轮；4—磁耦合外轮；5—磁耦合内轮；6—传动轴；7—蜗轮；
8—磁束感应传感器；9—张力检测磁铁；10—同步皮带；11—步进电机；
12—显示器；13—电路板；14—蜗杆；15—平衡弹簧

（2）变浮力法测量液位的原理

如图 5-13 所示，设浮筒重为 W，浮筒在某一位置时弹簧的伸长量为 X，弹簧系数为 C，A 为浮筒的截面积。平衡时有：$W - A\rho g \Delta h = CX$，液位变化时，由于浮筒所受的浮力发生变化，浮筒的位置也要发生变化。

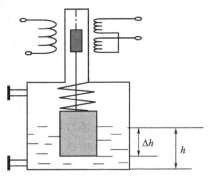

图 5-13　变浮力法测量液位

当液位升高 $\Delta h'$ 时，液位高度为 $h + \Delta h'$，因浮力增加，使浮筒上升 ΔX，于是浮筒浸没在液体中的高度为 $\Delta h + \Delta h' - \Delta X$，当达到新的平衡时，$\Delta h' = (C + A\rho g)\Delta X / A\rho g$，将两式相减，有：

$$C\Delta X = A\rho g \Delta h' - A\rho g \Delta X$$
$$\Delta X = A\rho g \Delta h' / (C + A\rho g)$$
$$C(X - \Delta X) = W - A\rho g(\Delta h + \Delta h' - \Delta X)$$

由此可知，浮筒产生的位移 ΔX 与液位变化 $\Delta h'$ 成比例。如果在浮筒的连杆上安装铁芯，通过差动变压器便可输出相应的电信号，指示出液位的数值。综上所述，变浮力法测量液位是通过检测元件把液位的变化转换为力的变化，然后再把力的变化转换为机械位移（线位移或角位移），并通过转换器把机械位移转换为电或气信号，以便进行远传和显示。

2. 电容式物位计

电容式物位计由电容物位传感器和检测电容的测量线路组成，是基于圆筒形电容器的原理工作的。由两个长度为 L、半径分别为 R 和 r 的圆筒形金属导体，中间隔以绝缘物质，构成圆筒形电容器。当中间所充介质为介电常数 ε_1 的气体时，两圆筒间的电容量为 $C_1 = 2\pi\varepsilon_1 L / \ln(R/r)$。如果电极的一部分被介电常数为 ε_2 的液体（非导电性的）所浸没，则有电容量的增量 ΔC 产生（$\varepsilon_2 > \varepsilon_1$），两极间的电容量为 $C = C_1 + \Delta C$。如果电极被浸没的长度为 l，则电容量的数值为

$$\Delta C = 2\pi(\varepsilon_2 - \varepsilon_1) / \ln(R/r)$$

从上式可知，当 ε_2、ε_1、R、r 不变时，电容增量 ΔC 与电极浸没的长度 l 成正比，因此测出电容增量 ΔC 的数值便可知道液位的高度。大致可分成三种工作方式。

① 图 5-14(a) 适用于立式圆筒形导电容器非导电液体或固体粉末的物位测量。在这种应用中，器壁为电容的外电极，沿轴线插入金属棒，作为内电极。

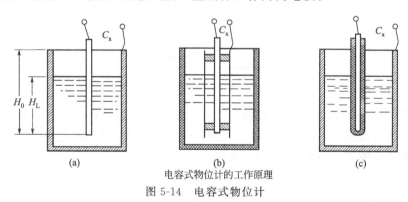

电容式物位计的工作原理

图 5-14　电容式物位计

② 图 5-14(b) 适用于非金属容器，或虽为金属容器，但非立式圆筒形，物料为非导电性液体的液位测量。在这种应用中，中心棒状电极的外面套有一个同轴金属筒，并通过绝缘支架互相固定。金属筒的上下开口，或整体上均匀分布多个小孔，使筒内外的液位相同。中央圆棒与金属套筒构成两个电极，电容的中间介质为气体和液体物料。这样组成的电容 C_x 与容器的形状无关，只取决于液位的高低。由于固体粉粒容易滞留在极间，所以此种电极不适于固体物位的测量。

③ 图 5-14(c) 适用于立式圆筒形导电容器，且物料为导电性液体的液位测量。

电容式物位计可测量液位、粉状料位，也可测界位，具有结构简单、安装要求低等特

点。但当被测介质黏度较大时,液位下降后,电极表面仍会黏附一层被测介质,从而造成虚假液位示值,严重影响测量精度。被测介质的温度、湿度等变化都能影响测量精度,当精度要求较高时,应采用修正措施。

3. 超声式物位计

超声波在气体、液体及固体中传播,具有一定的传播速度。超声波在介质中传播时会被吸收而衰减,在气体中传播的衰减最大,在固体中传播的衰减最小。超声波在穿过两种不同介质的分界面时会产生反射和折射,对于声阻抗(声速和介质密度的乘积)差别较大的相界面,几乎为全反射。从反射超声波至收到反射回波的时间间隔与分界面位置有关,利用这一比例关系可以进行物位测量。

回波反射式超声波物位计的工作原理,就是利用发射的超声波脉冲由被测物料的表面反射,测量从发射超声波到接收回波所需的时间,可以求出从探头到分界面的距离,进而测得物位。根据超声波传播介质的不同,超声式物位计可以分为固介式、液介式和气介式。它的组成主要有超声换能器和电子装置。超声换能器由压电材料制成,完成电能和超声能的可逆转换,超声换能器可以采用接、收分开的双探头方式,也可以只有一个自发自收的单探头。电子装置用于产生电信号激励超声换能器发射超声波,并接收和处理超声换能器转换的电信号。

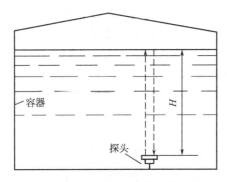

图 5-15 一种液介式超声波物位计

图 5-15 所示为一种液介式超声波物位计的测量原理。置于容器底部的超声换能器向液面发射短促的超声波脉冲,经时间 t 后,液面处产生的反射回波又被超声波换能器接收。则由超声波换能器到液面的距离 H 可用下式求出:

$$H = \frac{1}{2}ct$$

式中,c 为超声波在被测介质中的传播速度。只要声速已知,可以精确测量时间 t,求得液位。

超声波在介质中的传播速度易受介质温度、成分等变化的影响,是影响物位测量的主要因素,需要进行补偿。通常可在超声换能器附近安装温度传感器,自动补偿声速因温度变化对物位测量的影响。还可使用校正器,定期校正声速。

超声式物位计的构成型式多样,还可以实现物位的定点测量。这类仪表无机械可动部件,安装维修方便,超声换能器寿命长,可以实现非接触测量,能实现防爆。由于其对环境的适应性较强,应用广泛。

4. 雷达物位计

微波物位计俗称雷达物位计，雷达是英文 Radio Detection and Raging（无线电检测与测距）首字母的缩写词。微波物位计的工作方式类似雷达，即向被测目标发射微波，由目标反射的回波返回发射器被接收，与发射波进行比较，确定目标存在并计算出发射器到目标的距离。雷达物位计按工作方式可以分为非接触式和接触式两种。

非接触式微波物位计常用喇叭或杆式天线来发射与接收微波，仪表安装在料仓顶部，不与被测介质接触，微波在料仓上部空间传播与返回，安装简单，维护量少，并且不受料仓内气体成分、粉尘、温度变化等的影响。接触式微波物位计一般采用金属波导体（杆或钢缆）来传导微波，仪表从仓顶安装，导波杆直达仓底，发射的微波沿波导杆外部向下传播，到达物料面时被反射，沿波导杆返回发射器被接收。

目前微波（雷达）物位计技术方案有脉冲法（PULS）和连续调频法（FMCW）两种。

连续调频（FMCW）技术测量物位是将传播时间转换成频差的方式，通过测量频率代替直接测量时差，来计算目标距离。发射一个频率被线性调制的微波连续信号，频率线性上升（下降），所接收到的回波信号频率也是线性上升（下降）的，两者的频率差将比例于离目标的距离。频率被调制的信号通过天线向容器中被测物料面发射，被接收的回波频率信号和一部分发射频率信号混合，产生的差频信号被滤波及放大，然后进行快速傅利叶变换（FFT）分析，FFT 分析产生一个频谱，在此频谱上处理回波并确认回波。脉冲波测距是由天线向被测物料面发射一个微波脉冲，当接收到被测物料面上反射回来的回波后，测量两者的时间差（即微波脉冲的行程时间），以此来计算物料面的距离。微波发射和返回之间的时差很小，对于几米的行程时间要以纳秒来计量。脉冲测距采用规则的周期重复信号，重复频率（RPF）高。

微波（雷达）物位计使用的微波频率有 3 个频段：C 波段（5.8～6.3GHz）、X 波段（9～10.5GHz）和 K 波段（24～26GHz）。制造商根据自己的技术及国家批准的频率来设计产品。物位测量中的微波一般是定向发射的，通常用波束角来定量表示微波发射和接收的方向性。波束角和天线类型有关，也和使用的微波频率（波长）有关。对于常用的圆锥形喇叭天线，微波的频率越高，波束的聚焦性能越好，即波束角小，在实际使用中这是十分重要的。低频微波物位计有较宽的波束，如果安装不得当，将会收到内部结构产生的较多的虚假回波。例如，采用 4in 喇叭天线的 26GHz 雷达的典型波束角为 8°，而 5.8GHz 的典型波束角为 17°。并且微波的频率越高，其喇叭尺寸可以做得越小，更易于开孔安装。目前还没有频率高于 K 波段（24～26GHz）的微波（雷达）物位计。而 X 波段雷达由于没有明显的应用特点而趋于被淘汰。

5. 物位开关

进行定点测量的物位开关是用于检测物位是否达到预定高度，并发出相应的开关量信号。针对不同的被测对象，物位开关有多种型式，可以测量液位、料位、固-液分界面，以及判断物料的有无等。物位开关的特点是简单，可靠，使用方便，使用范围广。

物位开关的工作原理与相应的连续测量仪表相同，表 5-8 列出物位开关的特点及示意图。

表 5-8　物位开关的特点及示意图

分类	示意图	与被测介质接触部
浮球式		浮球
电导式		电极
振动叉式		振动叉或杆
微波穿透式		非接触
核辐射式		非接触
运动阻尼式		运动板

6. 物位仪表的选用与安装

(1) 差压式液位计的选用

① 液位（界面）测量，宜选用差压变送器。

② 对于腐蚀性液体、黏稠性液体、熔融性液体、沉淀性液体等，当采取灌隔离液、吹气或冲液等措施时，可选用差压变送器。

③ 对于腐蚀性介质、黏稠性液体、易气化液体、含悬浮物液体等，宜选用平法兰式差压变送器。

④ 对于易结晶的液体、高黏度的液体、结胶性液体、沉淀性液体等，宜选用插入式法兰差压变送器。

⑤ 当被测对象有大量冷凝物或沉淀物析出时，宜选用双法兰式差压变送器。

⑥ 用差压式仪表测量锅炉汽包液位时，应采用双室平衡容器。

⑦ 测液位的差压变送器，宜带有迁移机构，其正、负迁移量应在选择仪表量程时确定。

⑧ 对于正常工况下液体密度发生明显变化的介质，不宜选用差压式变送器。

（2）浮筒式液位计的选用

① 在密度、操作压力范围比较宽的场合，一般介质的液位界面测量宜选用浮筒式液位计，但在密度变化较大的场合，不宜选用浮筒式液位计。下列场合宜选用浮筒式液位计：a. 测量范围在 2000mm 以内，比密度差为 0.5～1.5 的液体的液位连续测量；b. 测量范围 1200mm 以内，比密度差为 0.1～0.5 的液体界面的连续测量；c. 真空、负压或易气化的液体的液位测量。

② 对于清洁液体，宜选用外浮筒式液位计，并优先采用"侧—侧"法兰连接型。

③ 对于黏稠、易凝、易结晶的介质，宜选用内浮筒式液位计，也可选用带蒸汽夹套式的外浮筒式液位计。

④ 内浮筒式液位计用于被测液体扰动较大的场合，应加装防扰动影响的平稳套管。

⑤ 电动浮筒液位计用于被测液位波动频繁的场合，其输出信号应加阻尼器。

⑥ 电动浮筒液位计在被测介质温度高于 200℃时应带散热片，温度低于 0℃时应带延伸管。

（3）浮子（球）式液位计的选用

① 对于液位变化范围大或含有颗粒杂质的液体以及负压系统，在下列场合可采用浮子式液位计：a. 各类储槽液位的连续测量和容积计量；b. 两种液体的密度变化不大，且比密度差大于 0.2 的界面测量。

② 对于黏度较大、温度较高（不高于 450℃）、不宜引出的介质（如减压渣油、润滑油等）的液位测量，宜选用内浮子（球）液位计。

③ 对于脏污液体，以及在环境温度下易结晶、结冻的液体，不宜采用浮子（球）式液位计。

（4）电容式液位计或射频式液位计的选用

① 腐蚀性液体、沉淀性流体以及其他工艺介质的液位连续测量和位式测量，可选用电容式液位计或射频式液位计。

② 用于界面测量时，两种液体的电气性能（介电常数等）必须符合产品的技术要求。

③ 电容液位计或射频式液位计，应根据被测介质的导电性能、工艺容器的材质等因素确定。

④ 对于易黏附电极的导电液体，不宜采用电容式液位计。

⑤ 电容式、射频式液位计易受电磁干扰的影响，应采取抗电磁干扰措施。

⑥ 用于位式测量的电容液位计或射频式液位计，宜采用水平安装型；用于连续测量的电容液位计或射频式液位计，宜采用垂直安装型。

（5）超声波式液位计的选用

① 普通液位计难于测量的腐蚀性、高黏性、易燃性、易挥发性及有毒性的液体的液位、液-液分界面、固-液分界面的连续测量和位式测量，宜选用超声波式液位计，但不宜用于液位波动大的场合。

② 超声波式液位计适用于能充分反射声波且传播声波的介质测量，但不得用于真空场合，不宜用于易挥发、含气泡、含悬浮物的液体和含固体颗粒物的液体。

③ 对于内部存在影响声波传播的障碍物的工艺设备，不宜采用超声波式液位计。

④ 对于连续测量液位的超声波仪表，当被测液体温度、成分变化较显著时，应对声波的传播速度的变化进行补偿，以提高测量精度。

⑤ 对于检测器和转换器之间的连接电缆，应采取抗电磁干扰措施。

⑥ 超声波液位计的型号、结构型式、探头的选用等，应根据被测介质的特性等因素来确定。

(6) 其他

对于深度为 5～100m 的水池、水井、水库的液位连续测量，应选用静压式液位计。

(7) 物位取源部件安装

① 物位取源部件的安装位置，应选在物位变化灵敏，且不使检测元件受到物料冲击的地方。

② 内浮筒液位计和浮球液位计采用导向管或其他导向装置时，导向管或导向装置必须垂直安装，并应保证导向管内液流畅通。

③ 安装浮球式液位仪表的法兰短管，必须保证浮球能在全量程范围内自由活动。

④ 浮筒液位计的安装应使浮筒呈垂直状态，处于浮筒中心正常操作液位或分界液位的高度。

⑤ 用差压计或差压变送器测量液位时，仪表安装高度不应高于下部取压口。吹气法及利用低沸点液体气化传递压力的方法测量液位时，不受此规定限制。

⑥ 双法兰式差压变送器毛细管的敷设应有保护措施，其弯曲半径不应小于 50mm，周围温度变化剧烈时应采取隔热措施。

项目六 温度检测及仪表

任务一 热电偶的校验

1. 实验目的

① 学习使用并掌握精密型电子电位差计。

② 掌握热电偶的校验方法。

③ 掌握确定仪表精度的方法。

2. 实验项目

① 识别热电偶的种类及电极方向。

② 对热电偶进行校验。

3. 实验设备与仪器

① 温度控制系统   1 套

② 精密电位差计   1 套

③ 铂铑-铂热电偶及补偿导线   1 套

④ 镍铬-镍硅热电偶及补偿导线   1 套

4. 实验原理

实验装置连接如图 6-1 所示。

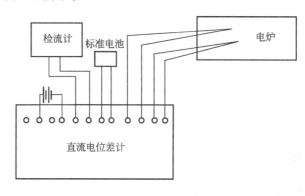

图 6-1 热电偶校验装置连接图

利用温度控制系统产生相应温度，通过精密电位差计检测标准热电偶和被校热电偶所产生的电势信号，将对应数据进行记录，对记录数据计算分析，完成热电偶的校验。

5. 注意事项

① 温度控制系统产生各点温度需一定时间，温度恒定后才可进行实验。

② 标准电池有一定的安装位置，不可随意倒置，否则电池会毁坏。

③ 完成实验后要断开电源，避免电池耗尽。

6. 操作步骤

① 熟悉装置，了解装置及压力表结构及各部分作用。

② 用经验方法识别热电偶：根据热电偶材料的颜色、粗细、硬度等物理特征，识别热电偶的种类及热电偶的正负电极。

③ 按连线图正确接线。

④ 根据需要，通过温度控制系统的控制器设定温度。

⑤ 对精密电位差计进行调整。

⑥ 温度控制系统温度稳定后检测热电偶电势。根据被校热电偶的检测范围分 $3 \sim 4$ 点。

⑦ 记录各校验点对应数据，按要求进行计算，见表 6-1。

表 6-1　数据记录表

	第一点		第二点		第三点	
标准热电偶(型)	$E(t,t_0)$/mV		$E(t,t_0)$/mV		$E(t,t_0)$/mV	
	$E(t_0,0)$/mV		$E(t_0,0)$/mV		$E(t_0,0)$/mV	
	$E(t,0)$/mV		$E(t,0)$/mV		$E(t,0)$/mV	
	温度 t/℃		温度 t/℃		温度 t/℃	
被校热电偶(型)	$E(t,t_0)$/mV		$E(t,t_0)$/mV		$E(t,t_0)$/mV	
	$E(t_0,0)$/mV		$E(t_0,0)$/mV		$E(t_0,0)$/mV	
	$E(t,0)$/mV		$E(t,0)$/mV		$E(t,0)$/mV	
	温度 t/℃		温度 t/℃		温度 t/℃	
数据处理						
绝对误差						
基本误差(按量程1200℃计算)/%						

【相关知识】

1. 温度检测的基本知识

(1) 温度及温度测量

依据测温元件与被测物体接触与否，测温方式通常有接触式和非接触式之分。

① 接触式　测温元件与被测对象接触，依靠传热和对流进行热交换。

a. 优点　结构简单、可靠，测温精度较高。

b. 缺点　由于测温元件与被测对象必须经过充分的热交换，且达到平衡后才能测量，这样容易破坏被测对象的温度场，同时带来测温过程的延迟现象，不适于测量热容量小的对象、极高温的对象和处于运动中的对象，不适于直接对腐蚀性介质测量。

② 非接触式　测温元件不与被测对象接触，而是通过热辐射进行热交换，或测温元件接收被测对象的部分热辐射能，由热辐射能大小推出被测对象的温度。

a. 优点　从原理上讲测量范围从超低温到极高温，不破坏被测对象温度场。非接触式测温响应快，对被测对象干扰小，可测量运动的被测对象有强电磁干扰、强腐蚀的场合。

b. 缺点　容易受到外界因素的干扰，测量误差较大，且结构复杂，价格比较昂贵。

(2) 温标

目前国际上常用的温标，有摄氏温标、华氏温标、热力学温标和国际实用温标。

温度是表征物体冷热程度的物理量。温度只能通过物体随温度变化的某些特性来间接测量，而用来量度物体温度数值的标尺叫温标。它规定了温度的读数起点（零点）和测量温度的基本单位。目前国际上用得较多的温标有华氏温标、摄氏温标、热力学温标和国际实用温标。

华氏温标（°F）规定：在标准大气压下，冰的熔点为32°F，水的沸点为212°F，中间划分180等分，每等分为华氏1°F。

摄氏温度（℃）规定：在标准大气压下，冰的熔点为0℃，水的沸点为100℃，中间划分100等分，每等分为摄氏1℃。

热力学温标又称开尔文温标，或称绝对温标，它规定分子运动停止时的温度为绝对零度，记符号为 K。

2. 温度检测方法

(1) 液体膨胀式温度计

玻璃管温度计是根据液体受热膨胀的原理制成的。中空玻璃管下有玻璃泡，里面盛有水银、酒精、煤油等液体，与玻璃泡相通的是粗细均匀的细孔管。在外面的玻璃管上均匀地刻有刻度。

使用前，观察它的量程，判断是否适合待测物体的温度，并认清温度计的刻度，以便于准确读数。使用时，温度计的玻璃泡浸入被测液体中，不要碰到容器壁；温度计玻璃泡浸入被测液体中稍候一会儿，待液柱稳定后再读数；读数时视线与中心液面相平。

应用液体膨胀测量温度，常用的有水银玻璃温度计，其结构简单，使用方便，但结构脆弱，易损坏。

(2) 固体膨胀式（双金属温度计）

应用固体受热膨胀测量温度的方法，一般是利用两片线膨胀系数不同的金属片叠焊在一起，构成双金属温度计。指示部分与弹簧管压力表相似，当温度发生变化后，由于膨胀系数不同而发生弯曲，通过机械结构将变形转换成仪表指针的变化。

双金属温度计的安装采用焊接连接方式。带电接点的双金属温度计实际应用，如电冰箱的温度控制器。

　　问　从外观上怎样判断出弹簧管压力表和双金属温度计？

　　答　检查表盘的单位指示：MPa为弹簧管压力表；℃为双金属温度计。

3. 识读温度检测仪表

（1）应用热电效应测温

　　热电效应　两种不同导体或半导体 A 与 B 串接成闭合回路，如果两个接点出现温差（$t \neq t_0$），在回路中就有电流产生，这种由于温度不同而产生电动势（热电势）的现象，称为热电效应。

　　由两种不同材料构成的上述热电变换元件叫热电偶，称 A、B 两导体为热电极，见图 6-2。

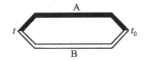

图 6-2　热电偶

　　① 接触电势　两种不同材料的导体接触时产生的电势。

　　② 温差电势　同一导体 A（或 B）两端温度不同所产生的电势。

　　③ 闭合回路总电势：

$$E_{AB}(t,t_0) = E_{AB}(t) - E_A(t,t_0) + E_B(t,t_0) - E_{AB}(t_0)$$

$$E_{AB}(t,t_0) = E_{AB}(t) - E_{AB}(t_0)$$

　　可见，当导体材料 A、B 确定后，总电势 $E_{AB}(t, t_0)$ 仅与温度 t 和 t_0 有关。

　　如果能使冷端温度 t_0 固定，则总电势就只与温度 t 成单值函数关系：

$$E_{AB}(t,t_0) = E_{AB}(t) - C$$

（2）应用热电阻原理测温

　　根据导体或半导体的电阻值随温度变化的性质，将电阻值的变化用显示仪表反映出来，从而达到测温的目的。

　　用铂和铜制成的电阻是工业常用的热电阻，它们被广泛地用来测量 $-200 \sim +500℃$ 范围的温度。

4. 热电偶温度计

　　热电偶是两种不同材料的导体或半导体焊接或绞接而成，其一端测温时置于被测温场中，称为测量端（亦称热端或工作端）；另一端为参比端（冷端或自由端）。

　　根据热电效应原理，如果热电偶的测量端和参比端的温度不同（如 $t > t_0$），且参比端温度 t_0 恒定，则热电偶回路中形成的热电势仅与测量端温度 t 有关。在热电偶回路中接入与热电偶配套的显示仪表，就构成了最简单的测温系统，显示仪表可直接显示出被测温度的数值。

（1）有关热电偶回路的几个结论

由热电效应基本原理分析，可得如下结论：

① 如果热电偶两电极 A、B 材料相同，则无论两端温度如何，热电偶回路的总热电势 $E_{AB}(t，t_0)$ 恒为零；

② 如果热电偶两端温度相同（$t=t_0$），即使两电极 A、B 材料不同，热电偶回路内的总热电势 $E_{AB}(t，t_0)$ 恒为零；

③ 热电偶的热电势仅与两热电极 A、B 材料及端点温度 t、t_0 有关，而与热电极的长度、形状、粗细及沿电极的温度分布无关，因此，同种类型的热电偶在一定的允许误差范围内具有互换性。

（2）热电偶测温时显示仪表的接入

在热电偶回路中接入各种仪表、连接导线等物体时，只要保持接入两端的温度相同，就能测量原热电偶回路热电势的数值，而不会对它产生影响。在参比端温度 $t_0=0℃$ 时，各种类型热电偶的热电势与热端温度之间的对应关系已由国家标准规定了统一的表格形式，称之为分度表。利用热电偶测温时，只要测得与被测温度相对应的热电势，即可从该热电偶的分度表查出被测温度值。若与热电偶配套使用的温度显示仪表直接以该热电偶的分度表进行刻度，则可直接显示出被测温度的数值。

（3）热电偶的补偿导线

由热电偶测温原理可知，只有当热电偶的冷端温度保持不变时，热电势才是被测温度的单值函数关系。在实际应用时，因热电偶冷端暴露于空间，且热电极长度有限，其冷端温度不仅受到环境温度的影响，而且还受到被测温度变化的影响，因而冷端温度难以保持恒定。为了解决这个问题，工程上通常采用一种补偿导线，把热电偶的冷端延伸到远离被测对象且温度比较稳定的地方。

（4）冷端温度补偿

热电偶的分度表所表征的是冷端温度为 0℃ 时的热电势-温度关系，与热电偶配套使用的显示仪表就是根据这一关系进行刻度的。

① 冷端温度修正法　在实际测量时，若冷端温度恒为 t_0（$t_0\neq0$），可采用冷端温度修正法对仪表示值加以修正。修正公式如下：

$$E(t,0)=E(t,t_0)+E(t_0,0)$$

② 仪表机械零点调整法　如果热电偶冷端温度 t_0 比较恒定，可预先用另一只温度计测出冷端温度 t_0，然后将显示仪表的机械零点调至 t_0 处，相当于在输入热电偶热电势之前就给显示仪表输入了电势 $E(t_0,0)$，这样仪表的指针就能指示出实际测量温度 t。

③ 补偿电桥法　利用不平衡电桥（冷端补偿器）产生的电势，来补偿热电偶因冷端温度变化而引起的热电势变化值。

（5）热电偶的材料与结构

热电偶广泛地应用在各种条件下的温度测量。根据它的用途和安装位置不同，各种热电偶的外形是不相同的。按结构形式分有普通型、铠装型、表面型和快速型四种。

① 普通型热电偶　主要由热电极、绝缘管、保护套管和接线盒等主要部分组成，如图

6-3 所示。

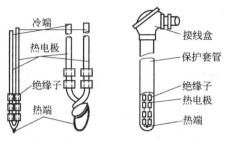

图 6-3　热电偶结构

热电极是组成热电偶的两根热偶丝。热电极的直径由材料的价格、机械强度、电导率以及热电偶的用途和测量范围等决定。贵金属的热电极大多采用直径为 0.3～0.65mm 的细丝，普通金属电极丝的直径一般为 0.5～3.2mm。其长度由安装条件及插入深度而定，一般为 350～2000mm。

绝缘管（又称绝缘子）用于防止两根热电极短路。材料的选用由使用温度范围而定，常用绝缘材料如表 6-2 所示。它的结构形式通常有单孔管、双孔管及四孔管等。

保护套管套在热电极、绝缘子的外边，其作用是保护热电极不受化学腐蚀和机械损伤。保护套管材料的选择一般根据测温范围、插入深度以及测温的时间常数等因素决定。对保护套管材料的要求是：耐高温、耐腐蚀、能承受温度的剧变、有良好的气密性和具有高的热导率。其结构一般有螺纹式和法兰式两种。常用保护套管的材料见表 6-3。

表 6-2　常用绝缘材料

材　　料	工作温度/℃
橡皮、绝缘漆	80
珐琅	150
玻璃管	500
石英管	1200
瓷管	1400
纯氧化铝管	1700

表 6-3　保护套管材料

材　　料	工作温度/℃
无缝钢管	600
不锈钢管	1000
石英管	1200
瓷管	1400
Al_2O_3 陶瓷管	1900 以上

接线盒是供热电极和补偿导线连接之用。它通常用铝合金制成，一般分为普通式和密封式两种。为了防止灰尘和有害气体进入热电偶保护套管内，接线盒的出线孔和盖子均用垫片和垫圈加以密封。接线盒内用于连接热电极和补偿导线的螺钉必须固紧，以免产生较大的接触电阻而影响测量的准确度。

② 铠装型热电偶　由金属套管、绝缘材料（氧化镁粉）、热电偶丝一起经过复合拉伸成型，然后将端部偶丝焊接成光滑球状结构。工作端有露头型、接壳型、绝缘型三种。其外径为 1～8mm，还可小到 0.2mm，长度可为 50mm。

铠装热电偶具有反应速度快、使用方便、可弯曲、气密性好、不怕振、耐高压等优点，是目前使用较多并正在推广的一种结构。

③ 表面型热电偶　常用的结构形式是利用真空镀膜法将两电极材料蒸镀在绝缘基底上的薄膜热电偶，专门用来测量物体表面温度的一种特殊热电偶，其特点是反应速极快，热惯性极小。

④ 快速型热电偶　它是测量高温熔融物体的一种专用热电偶。整个热电偶元件的尺寸很小，称为消耗式热电偶。

热电偶的结构形式可根据它的用途和安装位置来确定。在热电偶选型时，要注意三个方面：热电极的材料；保护套管的结构、材料及耐压强度；保护套管的插入深度。

5. 热电阻测温仪表

热电阻是中低温区最常用的一种温度检测器。它的主要特点是测量精度高，性能稳定。其中铂热电阻的测量精确度是最高的，不仅广泛应用于工业测温，而且被制成标准的基准仪表。热电阻温度计广泛应用于−200～600℃范围内的温度测量。

（1）对热电阻材料的要求

用于制造热电阻的材料，要求电阻率、电阻温度系数要大，热容量、热惯性要小，电阻与温度的关系最好近于线性，另外，材料的物理化学性质要稳定，复现性好，易提纯，同时价格便宜。

（2）常用热电阻种类

① 铂电阻（IEC）。
② 铜电阻（WZC）。

任务二　锅炉内胆温度二位式控制实验

1. 实验目的

① 熟悉实验装置，了解二位式温度控制系统的组成。
② 掌握位式控制系统的工作原理、控制过程和控制特性。

2. 实验设备

CS2000型过程控制实验装置：上位机软件、计算机、PC、DCS控制系统、DCS监控软件。

3. 实验原理

（1）温度传感器

温度测量通常采用热电阻元件（感温元件）。它是利用金属导体的电阻值随温度变化而变化的特性来进行温度测量的。其电阻值与温度关系式如下：

$$R_t = R_{t_0}[1 + \alpha(t - t_0)]$$

式中　R_t——温度为 t（如室温 20℃）时的电阻值；

　　　R_{t_0}——温度为 t_0（通常为 0℃）时的电阻值；

　　　α——电阻的温度系数。

可见，由于温度的变化，导致了金属导体电阻的变化。这样只要设法测出电阻值的变化，就可达到温度测量的目的。

本装置使用的是铂电阻元件 Pt100，并通过温度变送器（测量电桥或分压采样电路或者 AI 人工智能工业调节器）将电阻值的变化转换为电压信号。

铂电阻元件是采用特殊的工艺和材料制成，具有很高的稳定性和耐震动等特点，还具有较强的抗氧化能力。

在 0～650℃的温度范围内，铂电阻与温度的关系为：

$$R_t = R_{t_0}(1 + At + Bt^2 + Ct^3)$$

式中　R_t——温度为 t（如室温 20℃）时的电阻值；

　　　R_{t_0}——温度为 t_0（通常为 0℃）时的电阻值；

A、B、C 是常数，这里的铂电阻为：$A = 3.90802 \times 10^{-3}℃^{-1}$，$B = -5.802 \times 10^{-7}℃^{-1}$，$C = -4.2735 \times 10^{-12}℃^{-1}$。

R_t-t 的关系称为分度表。不同的测温元件用分度号来区别，如 Pt100、Cu50 等，它们都有不同的 R_t-t 关系。

(2) 二位式温度控制系统

二位控制是位式控制规律中最简单的一种。本实验的被控对象是 1.5kW 电加热管，被控变量是复合小加温箱中内套水箱的水温 T。智能调节仪内置继电器线圈控制的常开触点开关，控制电加热管的通断。图 6-4 为位式调节器的工作特性图，图 6-5 为位式控制系统的方块图。

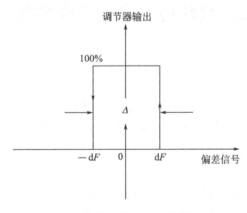

图 6-4　位式调节器的工作特性图

由图 6-4 可见，在一定的范围内，不仅有死区存在，而且还有回环。因而图 6-5 所示的系统实质上是一个典型的非线性控制系统。执行器只有"开"或"关"两种极限输出状态，故称这种控制器为两位调节器。

工作原理　当被控制的水温测量值 $VP = T$ 小于给定值 VS 时，即测量值＜给定值，且

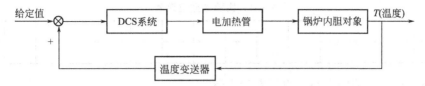

图 6-5　位式控制系统的方块图

当 $e = VS - VP \geqslant dF$ 时，调节器的继电器线圈接通，常开触点变成常闭，电加热管接通 380V 电源而加热。随着水温 T 的升高，VP 也不断增大，e 相应变小。若 T 高于给定值，即 $VP > VS$，e 为负值，若 $e \leqslant -dF$ 时，则两位调节器的继电器线圈断开，常开触点复位断开，切断电加热管的供电。由于这种控制方式具有冲击性，易损坏元器件，只是在对控制质量要求不高的系统才使用。

如图 6-5 位式控制系统的方框图所示，温度给定值在智能仪表上通过设定获得。被控对象为锅炉内胆，被控变量为内胆水温。它由铂电阻 Pt100 测定，输入到智能调节仪上。根据给定值加上 dF 与测量的温度相比较，向继电器线圈发出控制信号，从而达到控制内胆温度的目的。

由过程控制原理可知，双位控制系统的输出是一个断续控制作用下的等幅振荡过程，如图 6-6 所示。因此不能用连续控制作用下的衰减振荡过程的温度品质指标来衡量，而用振幅和周期作为品质指标。一般要求振幅小，周期长。然而对同一双位控制系统来说，若要振幅小，则周期必然短；若要周期长，则振幅必然大。因此通过合理选择中间区，以使振幅在限定范围内，而又尽可能获得较长的周期。

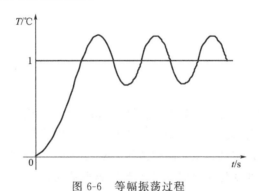

图 6-6　等幅振荡过程

4. 实验内容与步骤

① 设备的连接和检查

a. 开通以水泵、电动调节阀、孔板流量计以及锅炉内胆进水阀所组成的水路系统，关闭通往其他对象的切换阀。

b. 将锅炉内胆的出水阀关闭。

c. 检查电源开关是否关闭。

② 启动电源，进入 DCS 运行软件，进入相应的实验。在上位机调节好各项参数以及设定值和回差 dF 的值。

③ 系统运行后，组态软件自动记录控制过程曲线。待稳定振荡 2～3 个周期后，观察位式控制过程曲线的振荡周期和振幅大小，记录实验曲线。实验数据记录到表 6-4。

表 6-4 实验数据记录表

t/s											
$T/℃$											

④ 适量改变给定值的大小，重复实验步骤③。

⑤ 把动力水路切换到锅炉夹套，启动实验装置的供水系统，给锅炉的外夹套加流动冷却水，重复上述的实验步骤。

5. 注意事项

① 实验前，锅炉内胆的水位必须高于热电阻的测温点。

② 给定值必须要大于常温。

③ 实验线路全部接好后，必须经指导老师检查认可后，方可通电开始实验。

④ 在老师指导下将计算机接入系统，利用计算机显示屏作记录仪使用，保存每次实验记录的数据和曲线。

6. 实验报告

① 画出不同 dF 时的系统被控变量的过渡过程曲线，记录相应的振荡周期和振荡幅度大小。

② 画出加冷却水时被控变量的过程曲线，并比较振荡周期和振荡幅度的大小。

③ 综合分析位式控制的特点。

 【相关知识】

1. 电子自动电位差计

电子电位差计的原理框图如图 6-7 所示。热电偶输入的直流电势与测量桥路中的电势相比较，其差值电压经电子放大器放大后输出，该值的大小足以驱动可逆电机，使可逆电机带动和滑线电阻相接触的滑臂进行移动，从而改变滑线电阻的阻值，使测量桥路的电势与热电偶产生的热电势平衡。当被测温度变化使热电偶产生新的热电势时，桥路又有新的不平衡电压输出，再经放大器放大后，又驱动可逆电机转动，再次改变滑臂的位置，直到达到新的平衡为止。在滑臂移动的同时，与它相连的指针和记录笔沿着有温度分度的标尺和记录纸运动。滑臂的每一平衡位置对应于有温度分度的标尺和记录纸上的一定坐标数值，因此能自动指示和记录出相应的温度。当温度到达给定值后，还可以通过附加的调节机构来实现对温度的自动控制。

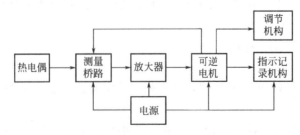

图 6-7 电子电位差计原理框图

电子电位差计尽管型号品种不同，但其测量原理和基本结构基本相似。它由热电偶、测量桥路、放大器、可逆电机、指示记录机构和调节机构、电源等部分组成。

（1）测量桥路

电子电位差计中的测量桥路用来产生直流电压，使之与热电偶产生的热电势相平衡，所以它在仪表中起主要作用。它由桥臂各电阻和稳压电源组成，如图6-8所示。

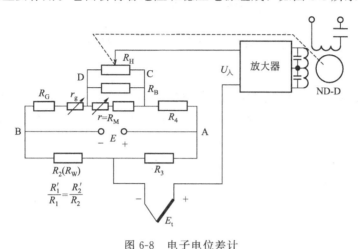

图6-8　电子电位差计

（2）放大器

电子电位差计中的放大器实际上相当于一个指零仪器。它的作用是将热电偶产生的热电势与测量桥路输出的电势比较后，差值信号进行放大，按一定的比例驱动执行机构（可逆电机）动作。

2. 电子自动平衡电桥

直流双臂电桥又叫凯尔文电桥，其工作原理电路如图6-9所示。图中，R_x 是被测电阻，R_n 是比较用的可调电阻，R_x 和 R_n 各有两对端钮；C_1 和 C_2、C_{n1} 和 C_{n2} 是它们的电流端钮；P_1 和 P_2、P_{n1} 和 P_{n2} 是它们的电位端钮。接线时必须使被测电阻 R_x 只在电位端钮 P_1 和 P_2 之间，而电流端钮在电位端钮的外侧，否则就不能排除和减小接线电阻与接触电阻对测量结果的影响。比较用可调电阻的电流端钮 C_{n2} 与被测电阻的电流端钮 C_2 用电阻为 r 的粗导线连接起来。R_1、R_1'、R_2 和 R_2' 是桥臂电阻，其阻值均在 10Ω 以上。在结构上把 R_1 和 R_1' 以及 R_2 和 R_2' 做成同轴调节电阻，以便改变 R_1 或 R_2' 的同时，R_1' 和 R_2' 也会随之变化，并能始终保持。

测量时接上 R_x，调节各桥臂电阻使电桥平衡。此时，因为 $I_g=0$，可得到被测电阻 R_x 为 $R_x = \dfrac{R_2}{R_1}R_n$。

可见，被测电阻 R_x 仅决定于桥臂电阻 R_2 和 R_1 的比值及比较用可调电阻 R_n，而与粗导线电阻 r 无关。比值 R_2/R_1 称为直流双臂电桥的倍率。所以电桥平衡时被测电阻值=倍率读数×比较用可调电阻读数。因此，为了保证测量的准确性，连接 R_x 和 R_n 电流端钮的导线应尽量选用导电性能良好且短而粗的导线。只要能保证 $\dfrac{R_1'}{R_1}=\dfrac{R_2'}{R_2}$，$R_1$、$R_1'$、$R_2$ 和 R_2'

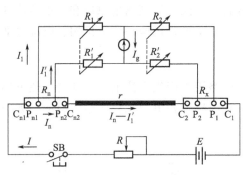

图 6-9　直流双臂电桥

均大于 10Ω，r 又很小，且接线正确，直流双臂电桥就可较好地消除或减小接线电阻与接触电阻的影响。因此，用直流双臂电桥测量小电阻时，能得到较准确的测量结果。

项目七　PLC应用

任务　电动机的正反转控制

首先对电动机正反转及星-角启动程序进行编制，然后仿真调试。其电气原理如图 7-1 所示。

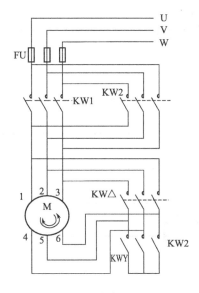

图 7-1　电气原理

(1) 控制要求分析

电机控制的功能是正反转和星-角启动。当按下启动按钮后，电机开始正转且是星启动，5s 后切换为角接运行；按下反转按钮，同理先星启动，5s 后切换为角接运行。整个过程由三菱 PLC 控制。

I/O 口分配表见表 7-1，PLC 接线示意图如图 7-2 所示。

表 7-1　I/O 口分配表

输入元件	输入地址	输出元件	输出地址
正转按钮	X0	电动机正转	Y0
反转按钮	X1	电动机反转	Y1
停止按钮	X2	星启动	Y2
		角启动	Y3

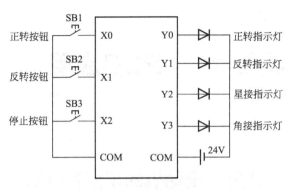

图 7-2　PLC 接线示意图

（2）程序编制

根据控制要求设计出 PLC 控制电机的梯形图，如图 7-3 所示。

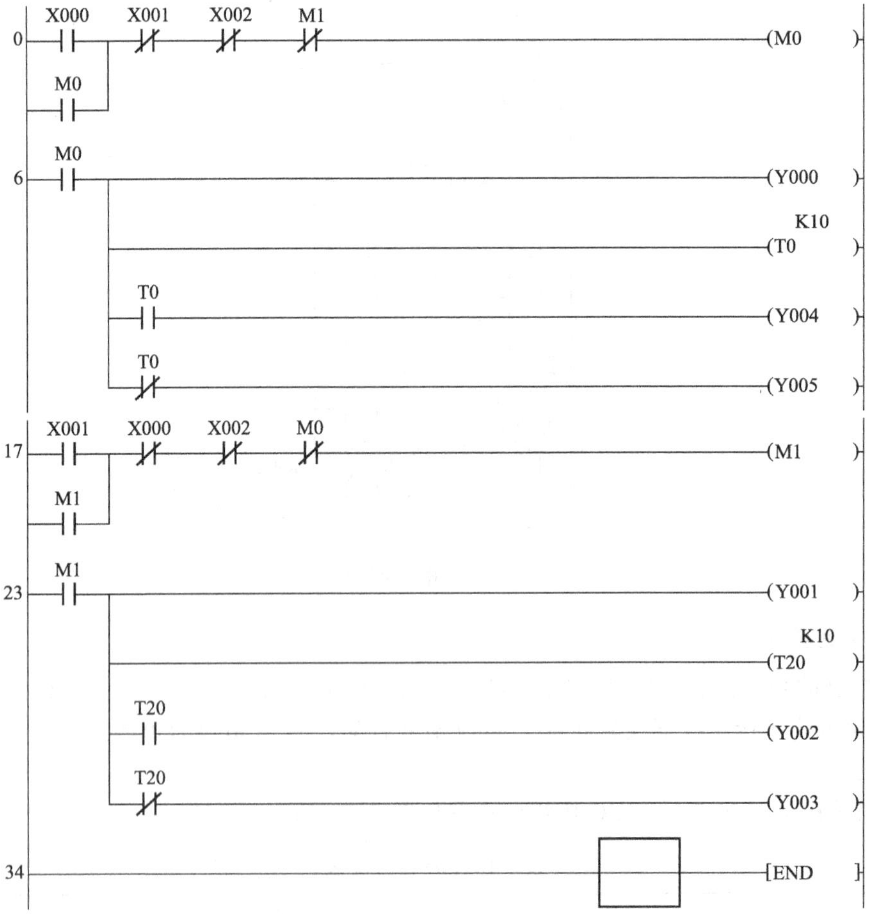

图 7-3　电机控制梯形图

（3）程序调试

选择好 PLC 的类型，根据 PLC 外部电气原理图，将 PLC 与实验板正确接线。经检验无误后，接通 PLC 电源，将编译正确的程序输入软件中，确保编译无错误，打开监控，以便观察程序运行中各触点的开合情况，方便检查程序错误，最后将 PLC 置于运行模式，运行程序，开始操作。若操作成功，先把 PLC 置于停止状态，关闭监控，再拔 PLC 电源。

电机控制程序流程图如图 7-4 所示。

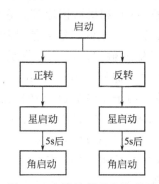

图 7-4　电机控制程序流程图

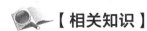【相关知识】

1. PLC 的基本构成

（1）PLC 的硬件组成

FX$_{2N}$ 系列 PLC 硬件组成与其他类型 PLC 基本相同，主要包括中央处理器 CPU、存储系统、输入输出接口、电源和外部设备，如图 7-5 所示。

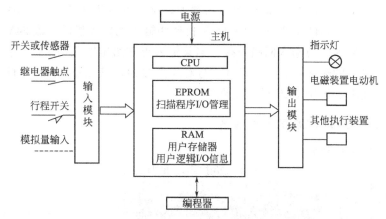

图 7-5　PLC 的组成框图

系统电源有些在 CPU 模块内，也有单独作为一个单元的。编程器一般看作 PLC 的外设。PLC 内部采用总线结构，进行数据和指令的传输。外部的开关信号、模拟信号以及各种传感器检测信号作为 PLC 的输入变量，经 PLC 的输入端子进入 PLC 的输入存储器，收集和暂存被控对象实际运行的状态信息和数据；经 PLC 内部运算与处理后，按被控对象实际动作要求产生输出结果；输出结果送到输出端子作为输出变量，驱动执行机构。PLC 的各部分协调一致地实现对现场设备的控制。

一套 PLC 系统的硬件一般由基本单元（包括 CPU、存储器、输入/输出接口及内部电源等）、I/O 扩展模块、扩展单元、转换电缆接口、特殊适配器和特殊功能模块等外部设备组成。

FX$_{2N}$系列 PLC 的面板由三部分组成，即外部接线端子、指示部分和接口部分，各部分的组成及功能如下。

① 外部接线端子　外部接线端子包括 PLC 电源（L、N）、输入用直流电源（24＋、COM）、输入端子（X）、输出端子（Y）和机器接地等。它们位于机器两侧可拆卸的端子板上，每个端子均有对应的编号，主要用于电源、输入信号和输出信号的连接。

② 指示部分　指示部分包括各输入输出点的状态指示、机器电源指示（POWER）、机器运行状态指示（RUN）、用户程序存储器后备电池指示（BATT. V）和程序错误或 CPU 错误指示（PROG-E、CPU-E）等，用于反映 I/O 点和机器的状态。

③ 接口部分　主要包括编程器接口、存储器接口、扩展接口和特殊功能模块接口等。在机器面板上，还设置了一个 PLC 运行模式转换开关 SW（RUN/STOP），RUN 使机器处于运行状态（RUN 指示灯亮），STOP 使机器处于停止运行状态（RUN 指示灯灭）。当机器处于 STOP 状态时，可进行用户程序的录入、编辑和修改。接口的作用是完成基本单元同编程器、外部存储器、扩展单元和特殊功能模块的连接。在 PLC 技术应用中会经常用到。

（2）PLC 的软件组成

① 系统程序　诊断程序、键盘输入处理程序、翻译程序、信息传送程序、监控程序。

② 用户程序　用户程序是用户根据设备控制的要求编制的控制程序，相当于继电器控制系统的控制电路。常见的 PLC 的编程语言有梯形图、语句表和功能表图。

（3）PLC 的电源

FX$_{2N}$系列 PLC 机器上有两组电源端子，分别用于 PLC 电源的输入和输入回路所用直流电源的供出。其中 L、N 是 PLC 的电源输入端子，额定电压为 AC100～240V（电压允许范围 AC85～264V），50/60Hz；24＋、COM 是机器为输入回路提供的直流 24V 电源，为减少接线，其正极在机器内已与输入回路连接。当某输入点需给定输入信号时，只需将 COM 通过输入设备接至对应的输入点，一旦 COM 与对应点接通，该点就为 ON，此时对应输入指示灯就点亮。接地端子用于 PLC 的接地保护。

（4）三菱 FX$_{2N}$系列 PLC 的外围设备

外围设备如图 7-6 所示。

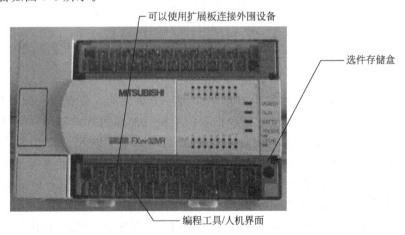

图 7-6　三菱 FX$_{2N}$系列 PLC 可连接的外围设备

① 选件存储盒　存储卡盒如图 7-7 所示，可以选择性安装，安装在三菱 PLC 的面板盖子后面，其安装接口如图 7-8 所示。存储卡盒的种类主要有三种：RAM、EEPROM、EPROM。详细内容见表 7-2。

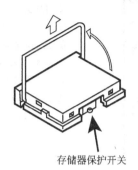

存储器保护开关

图 7-7　存储卡盒

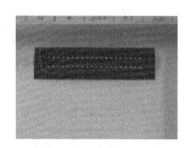

图 7-8　存储卡接口

表 7-2　存储卡类型

卡 盒		容 量	产 品 概 要
RAM	FX-RAM-8	8K 步 也能对应 16K 步	安装在基本单元上，可以从编程设备直接读写。但是内容由电池保持，因此在拆下存储卡盒，或者电池电压低时，内容会丢失
EEPROM	FX-EEPROM-4	4K 步	安装在基本单元上，可以从编程设备直接读写。内容是电写入的，因此不需要电池保持。写入时，将存储器的保护开关设为 OFF。此外，允许的写入次数约为 1 万次
	FX-EEPROM-8	8K 步	
	FX-EEPROM-16	16K 步	
EPROM	FX-ROM-8	8K 步 也能对应 16K 步	写入时，需要 ROM 写入器。为了消除内容，需要 ROM 擦除器（紫外线擦除）。与 EERPOM 一样，不需要电池保持

② 功能扩展板　功能扩展板，是能够扩展功能的特殊板卡。有通过 RS-232C/422/485 等通信方式和外部设备通信的特殊板卡，还有作为模拟定时器的电位器使用的特殊板卡。功能扩展板的安装方法如图 7-9 所示。

这里介绍 RS-232C/422/485 通信用的功能扩展板块卡，见图 7-10。

各功能扩展板的功能如表 7-3 所示。

③ 编程工具/人机界面　当需要对 PLC 进行编程或将 PLC 与人机界面相连接时，需要一端为 RS-232 的接口，另一端为 RS-422 接口的连接线。图 7-11 所示为三菱 PLC 与计算机连接，用于向 PLC 下载程序用的数据线 SC-09。

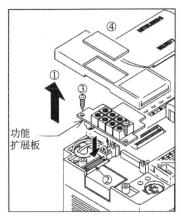

安装步骤：

① 拆下 FX$_{2N}$ 的盖板；

② 把功能扩展板安装在接口上；

③ 用附带的 M3 自攻螺钉，将功能扩展板固定在基本单元上（紧固扭矩 0.3～0.6N·m）；

④ 用钳子或者刀把盖板左侧的切口割开，以便能看到电位器或端子排

图 7-9　功能扩展板安装步骤

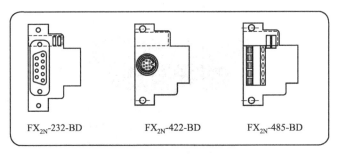

FX$_{2N}$-232-BD　　　　FX$_{2N}$-422-BD　　　　FX$_{2N}$-485-BD

图 7-10　通用通信板封装

表 7-3　各功能扩展板的功能

FX$_{2N}$-232-BD 型 RS-232 通信用板卡	该板卡可以采用无协议方式，与计算机或者打印机进行 RS-232C 通信 可以连接设备：计算机、打印机、条形码阅读器等各种 RS-232C 设备顺控编程用的工具（仅计算机）
FX$_{2N}$-422-BD 型 RS-422 通信用板卡	该板卡可以连接顺序编程用的工具或者人机界面，相当于又扩展了 1 个外围设备的接口 可以连接的设备：DU 或者 GOT、编程用的工具
FX$_{2N}$-485-BD 型 RS-485 通信用板卡	该板卡可以使用 2 台 FX$_{2N}$ 基本单元并联连接，或者通过 FX-485PC-IF 型 RS-232/422 转换用接口与计算机进行计算机连接。 可以连接的设备：计算机连接、并联连接、无协议通信 附件：终端电阻

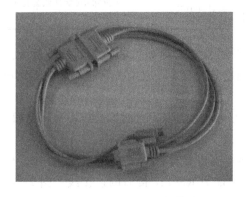

图 7-11　编程工具/人机界面连接线 SC-09

连接时，只需将 RS-422 端口的下载线对应插入 PLC 的接口，另一端连接计算机的串口即可，如图 7-12 和图 7-13 所示。

图 7-12　编程工具/人机界面接线端口

图 7-13　接线端口接线

（5）RUN/STOP 的操作

FX$_{2N}$ 可编程控制器内置 RUN（运行）/STOP（停止）按钮，如图 7-14 和图 7-15 所示。将开关拨向 RUN 侧时，则 PLC 运行；拨向 STOP 侧时，则 PLC 停止。

图 7-14　RUN/STOP 示意图

图 7-15　RUN/STOP 实物图

（6）PLC 指示部分

① 电源指示　基本单元、扩展单元、扩展模块的表面上设计有［POWER］LED，它是由

基本单元或者扩展单元供给电源而亮灯。如果通了电，但是这个 LED 不亮灯，则拆下可编程控制器 24＋端子上的接线试一下。如果能够正常亮灯，那么是因为传感器电源上连接的负载短路，或者有过大的负载电流，导致供给电源回路的保护功能动作。在电流容量不足的情况下，可使用外接 DC24V 电源。

②BATT.V 指示　通电的过程中，如果电池的电压低，[BATT.V] LED 灯会亮，且特殊辅助继电器 M8006 动作。电池电压下降约 1 个月后，程序内容（使用 RAM 存储器时）以及电池支持的各种存储区域无法掉电保持。也有发现较迟的情况，发现后应尽快更换电池。

③[PROG.E] LED 闪烁　忘记设定定时器，或者计数器的常数、梯形图错误，电池电压异常下降，或者由于异常噪声、有导电性异物混入等导致程序内存中的内容发生变化，此时 [PROG.E] LED 灯闪烁。在这种情况下，应再次检查程序，检查有无导电性异物混入，有无严重的噪声源，电池电压的显示等。

④[CPU.E] LED 亮灯　可编程控制器中混入了导电性异物、外部有异常的噪声传入，导致 CPU 失控时，或者运算周期超过 200ms 时，会发生 WDT 出错，此时 [CPU.E] LED 亮灯。使用多个特殊单元或者特殊模块时，由于初始化花费的时间过长，也会出现 WDT 出错。此时应修正初始化应用程序，或者通过程序改变特殊数据寄存器 D8000 的内容。

2. 型号及其含义

对于 FX 系列，其型号可分为基本单元、扩展单元和扩展模块，分别见图 7-16、图 7-17 和图 7-18。

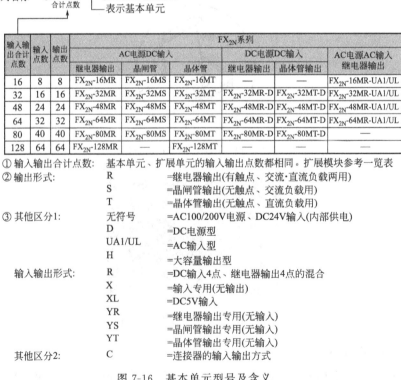

图 7-16　基本单元型号及含义

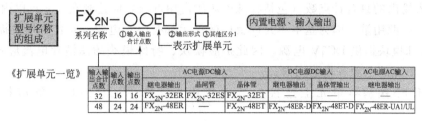

输入输出合计点数	输入点数	输出点数	AC电源DC输入			DC电源DC输入		AC电源AC输入
			继电器输出	晶闸管	晶体管	继电器输出	晶体管输出	继电器输出
32	16	16	FX_{2N}-32ER	FX_{2N}-32ES	FX_{2N}-32ET	—	—	—
48	24	24	FX_{2N}-48ER	—	FX_{2N}-48ET	FX_{2N}-48ER-D	FX_{2N}-48ET-D	FX_{2N}-48ER-UA1/UL

图 7-17　扩展单元型号及其含义

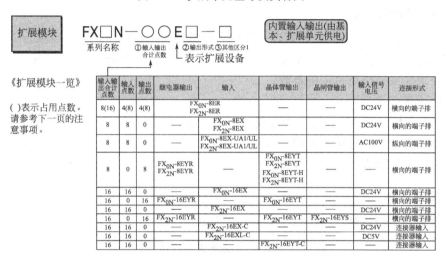

输入输出合计点数	输入点数	输出点数	继电器输出	输入	晶体管输出	晶闸管输出	输入信号电压	连接形式
8(16)	4(8)	4(8)	FX_{0N}-8ER FX_{2N}-8ER				DC24V	横向的端子排
8	8	0	—	FX_{0N}-8EX FX_{2N}-8EX			DC24V	横向的端子排
8	8	0	—	FX_{0N}-8EX-UA1/UL FX_{2N}-8EX-UA1/UL			AC100V	纵向的端子排
8	0	8	FX_{0N}-8EYR FX_{2N}-8EYR	—	FX_{0N}-8EYT FX_{2N}-8EYT FX_{0N}-8EYT-H FX_{2N}-8EYT-H	—		横向的端子排
16	16	0	—	FX_{0N}-16EX			DC24V	横向的端子排
16	0	16	FX_{0N}-16EYR		FX_{0N}-16EYT	—		横向的端子排
16	16	0	—	FX_{2N}-16EX			DC24V	横向的端子排
16	0	16	FX_{2N}-16EYR		FX_{2N}-16EYT	FX_{2N}-16EYS		横向的端子排
16	16	0	—	FX_{2N}-16EX-C			DC24V	连接器输入
16	16	0	—	FX_{2N}-16EXL-C			DC5V	连接器输入
16	0	16	—		FX_{2N}-16EYT-C	—		连接器输入

图 7-18　扩展模块型号及其含义

例如：FX_{2N}-48MRD 含义为 FX_{2N} 系列，输入输出总点数为 48 点，继电器输出，DC 电源，DC 输入的基本单元。又如 FX-4EYSH 的含义为 FX 系列，输入点数为 0 点，输出 4 点，晶闸管输出，大电流输出扩展模块。

3. 扩展模块、特殊单元的连接

注意　基本单元和扩展单元的内部是含有电源的，可以供给 24V 直流电源，而扩展模块、特殊模块和特殊单元则没有，需要外接电源，即通过连接电缆连接到扩展模块、特殊单元接口，如图 7-19 和图 7-20 所示。

图 7-19　FX-16E-CBA 型电缆

图 7-20　特殊模块连接

4. PLC 扩展模块、特殊单元选型

在用 FX_{2N} 系列产品构建系统时，需要考虑以下几点。

① 输入输出的总合计点数（包括特殊模块的占用点数）应控制在 256 点以内。

② 对于电源用量，因为基本单元以及扩展单元都有内置电源，对扩展模块提供 DC24V 电源，对特殊模块提供 DC5V 电源，因此扩展模块、特殊模块的总消耗电流应控制在基本单元或扩展单元的电源容量范围内。

③ 对于 FX_{2N} 基本单元上连接的特殊模块、特殊单元，连接台数应控制在 8 台以内。

（1）输入输出点数

对于 FX_{2N} 系列 PLC，其上可以连接的输入点数为 184 点以下，输出点数为 184 点以下，即合计点数应在 256 点以下。如果需要连接特殊单元、特殊模块时，需要从最大点数 256 点中扣除相应单元或模块所占用的点数。

一般的计算公式为：

256（最大点数）−8（特殊单元、特殊模块的占用点数）×使用台数＝通用输入输出点数

这里特殊模块、特殊单元占用的点数一般为 8 个，但也有特例，如 FX_{2N}-16CCL-M 等，计算时还应根据实际占用点数来进行。

（2）电源容量

对于电源容量的计算，可按照表 7-4 组合考虑。

表 7-4 电源容量的计算

区 分	组 合	参 照 项
输入输出的扩展	<只连接扩展单元> 基本单元＋扩展单元＋…＋扩展单元	不计算电源容量，需要计算其输入输出点
	基本单元＋扩展模块＋…＋扩展模块 <只连接扩展单元> 基本单元、其他扩展设备＋扩展单元＋＋扩展模块＋…＋扩展模块…	确认输入输出点数，计算 DC24V 的电源容量
特殊设备的扩展	在上述构成中加入特殊单元、特殊模块、功能扩展板时	确认输入输出点数，并计算 DC5V 的电源容量

（3）DC24V 供给电源的容量计算

基本单元以及扩展单元为扩展模块提供 DC24V 的电源，因此扩展模块的连接点数必须在基本单元以及扩展单元可以提供的 DC24V 电源范围内。

① 电源供给范围 图 7-21 表示了由基本单元及扩展单元提供 DC24V 电源的范围。其中 B 为扩展模块，特殊 B 为特殊模块、特殊单元。由图可以看出，基本单元和扩展单元向扩展模块和特殊扩展模块/单元提供 DC24V 电源。

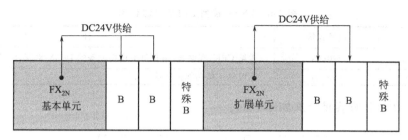

图 7-21 电源供给范围

② DC24V 容量计算 DC24V 供给电源的容量因机型而异，具体容量见表 7-5。

表 7-5 FX2N 系列 DC24V 电源容量

机型	电源容量	备注
FX$_{2N}$-16M、32M、32E	250mA	给扩展模块供电
FX$_{2N}$-48M～128M、FX$_{2N}$-48E	460mA	

DC24V 电源的计算容量公式如图 7-22 所示。

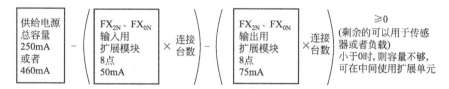

图 7-22 DC24V 电源计算容量公式

注意：对于 16 点的扩展模块，连接台数应算为 2 台；而对于输入输出混合的模块，输入输出的连接台数应算为 0.5 台。

计算电源容量时，要注意扩展模块是输入还是输出，其消耗的电流是不同的。各扩展模块的消耗电流在总容量的允许范围内，即大于等于 0 时，方可连接使用。

(4) DC5V 电源容量

当基本单元或扩展单元与特殊模块、扩展模块连接时，特殊模块/单元的电源 DC5V 由基本单元或扩展单元提供。

① 电源供给范围 如图 7-23 所示，可对特殊模块或功能扩展板提供 DC5V 电源。其中 B 为扩展模块，特殊 B 为特殊模块，特殊 U 为特殊单元。因为特殊单元已内置电源，所以不用再供电。

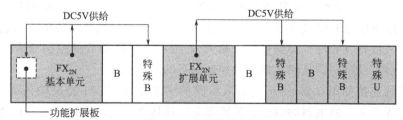

图 7-23 电源供给范围

② DC5V 容量计算 DC5V 供给电源的容量因机型而异，具体容量见表 7-6。

表7-6　FX2N系列DC5V电源容量

机型	电源容量	备　　注
FX$_{2N}$基本单元	290mA	供给CPU、存储盒、编程口上连接设备的DC5V电流,已经被扣除
FX$_{2N}$扩展单元	690mA	不可以连接功能扩展板

DC5V电源的计算容量公式如图7-24。

图7-24　DC5V电源计算容量公式

注意　对于FX0N-3A特殊模块而言,在FX$_{2N}$-16M、32M中最多可以连接2台,在FX$_{2N}$-48M～128M中最多可以连接3台。要连接更多的FX0N-3A时,应在中间使用扩展单元进行连接。

5. PLC的分类

PLC按结构形式不同,可分为整体式和模块式两类。整体式PLC是将电源、CPU、存储器、输入/输出单元等各个功能部件集中在一个机壳内,具有结构紧凑、体积小、价格低的特点。模块式PLC将各个功能部件做成独立模块,如电源模块、CPU模块、I/O模块等,然后按需要进行组合。这里所使用的FX$_{2N}$系列为整体式。

PLC按控制规模大小,可分为小型、中型和大型三种类型。

小型PLC的I/O点数在256点以下,存储容量在8K步以内,具有逻辑运算、定时、计数、移位、自诊断和监控等基本功能。FX$_{2N}$-32是小型PLC。

FX$_{2N}$系列PLC是FX系列中最高级的模块,拥有极高的速度、高级的功能、逻辑选件以及定位控制等特点,能满足从16到256路输入/输出多种应用的要求。

6. I/O点的类别、编号及使用说明

I/O端子是PLC与外部输入、输出设备连接的通道。输入端子(X)位于机器的一侧,而输出端子(Y)位于机器的另一侧。I/O点的数量、类别随机器的型号不同而不同,但I/O点数量相等,编号规则完全相同。FX$_{2N}$系列PLC的I/O点编号采用八进制,即000～0007、010～017、020～027……,输入点前面加"X",输出点前面加"Y"。扩展单元和I/O扩展模块,其I/O点编号应紧接基本单元的I/O编号之后,依次分配编号。

I/O点的作用是将I/O设备与PLC进行连接,使PLC与现场设备构成控制系统,以便从现场通过输入设备(元件)得到信息(输入),或将经过处理后的控制命令通过输出设备(元件)送到现场(输出),从而实现自动控制的目的。

输入回路的连接如图7-25所示。输入回路的实现是将COM通过输入元件(如按钮、转换开关、行程开关、继电器的触点、传感器等)连接到对应的输入点上,再通过输入点X将信息送到PLC内部。一旦某个输入元件状态发生变化,对应输入继电器X的状态也随之变化,PLC在输入采样阶段即可获取这些信息。

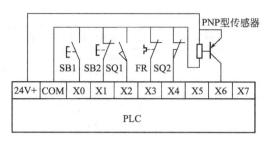

图 7-25　输入回路的连接

输出回路就是 PLC 的负载驱动回路，输出回路的连接如图 7-26 所示。通过输出点，将负载和负载电源连接成一个回路，这样负载就由 PLC 输出点的 ON/OFF 进行控制，输出点动作负载得到驱动。负载电源的规格应根据负载的需要和输出点的技术规格进行选择。

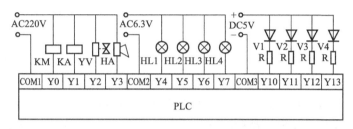

图 7-26　输出回路的连接

在实现输入/输出回路时，应注意的事项如下。

① I/O 点的共 COM 问题　一般情况下，每个 I/O 点应有两个端子。为了减少 I/O 端子的个数，PLC 内部已将其中一个 I/O 继电器的端子与公共端 COM 连接。输出端子一般采用每 4 个点共 COM 连接，如图 7-26 所示。

② 输出点的技术规格　不同的输出类别，有不同的技术规格。应根据负载的类别、大小、负载电源的等级、响应时间等选择不同类别的输出形式，继电器输出和晶闸管输出适用于大电流输出场合；晶体管输出和晶闸管输出适用于快速、频繁动作的场合。相同驱动能力，继电器输出形式价格较低。三种输出形式的技术规格如表 7-7 所示。

表 7-7　三种输出形式的技术规格

项目		继电器输出	晶闸管开关元件输出	晶体管输出
机型		FX$_{2N}$基本单元 扩展单元 扩展模块	FX$_{2N}$基本单元 扩展模块	FX$_{2N}$基本单元 扩展单元 扩展模块
内部电源		AC250V，DC30V 以下	AC85～242V	DC5～30V
电路绝缘		机械绝缘	光控晶闸管绝缘	光耦合器绝缘
动作显示		继电器螺线管通电时 LED 灯亮	光控晶闸管驱动时 LED 灯亮	光耦合器驱动时 LED 灯亮
最大负载	电阻负载	2A/1 点、8A/4 点公用，8A/8 点公用	0.3A/1 点 0.8A/4 点	0.5A/1 点，0.8A/4 点（Y0、Y1 以外），0.3A/1 点（Y0、Y1）
	感性负载	80V·A	15V·A/AC100V 30V·A/AC200V	12W/DC24V（Y0、Y1 以外） 7.2W/DC24V（Y0、Y1）
	灯负载	100W	30W	1.5W/DC24V（Y0、Y1 以外） 0.9W/DC24V（Y0、Y1）

续表

项目		继电器输出	晶闸管开关元件输出	晶体管输出
开路漏电流		—	1mA/AC100V 2mA/AC200V	0.1mA/DC30V
最小负载		DC5V,2mA(参考值)	0.4V·A/AC100V 1.6V·A/AC200V	—
响应时间	OFF→ON	约10ms	1ms以下	0.2ms以下
	ON→OFF	约10ms	10ms以下	0.2ms以下

③ 多种负载和不同负载电源共存的处理 在输出共用一个公共端子的范围内，必须用同一电压类型和同一电压等级；而对于不同公共点组，可使用不同电压类型和电压等级的负载。

7. PLC 软元件

软元件简称元件。将 PLC 内部存储器的每一个存储单元均称为元件，各个元件与 PLC 的监控程序、用户的应用程序合作，会产生或模拟出不同的功能。当元件产生的是继电器功能时，称这类元件为软继电器，简称继电器，它不是物理意义上的实物器件，而是一定的存储单元与程序的结合产物。后面介绍的各类继电器、定时器、计数器都指此类软元件。

元件的数量及类别是由 PLC 监控程序规定的，它的规模决定着 PLC 整体功能及数据处理的能力。

(1) 输入继电器 (X)

输入继电器是 PLC 中用来专门存储系统输入信号的内部虚拟继电器，又被称为输入的映像区。它可以有无数个动合触点和动断触点，在 PLC 编程中可以随意使用。这类继电器的状态不能用程序驱动，只能用输入信号驱动。FX 系列 PLC 的输入继电器采用八进制编号。FX_{2N} 系列 PLC 带扩展时，输入继电器最多可达 184 点，其编号为 X0~X7、X10~X17、…、X260~X267。

(2) 输出继电器 (Y)

输出继电器是 PLC 中专门用来将运算结果信号经输出接口电路及输出端子送达并控制外部负载的虚拟继电器。它在 PLC 内部直接与输出接口电路相连，有无数个动合触点与动断触点，这些动合与动断触点可在 PLC 编程时随意使用。外部信号无法直接驱动输出继电器，只能用程序驱动。FX 系列 PLC 的输出继电器采用八进制编号。FX_{2N} 系列 PLC 带扩展时，输出继电器最多可达 184 点，其编号为 Y0~Y267。

(3) 其他软元件

参阅图 7-27。

8. GX Develop 编程软件操作界面图介绍

图 7-28 为 GX Develop 编程软件操作界面图，其中引出线所示的名称、内容说明如表 7-8 所示。

辅助继电器 M	M0~M499 500点 一般用①		【M500~M1023】 524点保持用②	【M1024~M3071】 2048点 保持用③		M8000~M8255 特殊用	
状态 S	S0~S499 500点一般用① 初始化用S0~S9 原点回归用S10~S19		S500~S899 400点 保持用②		【S900~S999】 100点 信号报警用②		
定时器 T	T0~T199 200点100ms 子程序用 T192~T199		T200~T245 46点10ms	【T246~T249】 4点 1ms累积③		【T250~T255】 6点 100ms累积②	
计数器 C	16位增计数		32位可逆		32位高速可逆计数器 最大6点		
	C0~C99 100点 一般用①	【C100~C199】 100点 保持用②	C200~C219 20点 一般用①	【C220~C234】 15点 保持用②	【C235~C245】 单相单输入②	【C246~C250】 单相双输入②	【C251~C255】 双相输入②

数据寄存器 D、V、Z	D0~D199 200点 一般用①	【D200~D511】 312点保持用②	【D512~D7999】 7488点 文件用 D100以后可以设定 为文件寄存器	D8000~D8195 106点 特殊用	V7~V0 Z7~Z0 16点 变址用
嵌套指针	N0~N7 8点 主控用	P0~P127 128点 跳转、子程序用 分支指针	100*~150* 6点 输入中断用的指针	16**~18** 3点 定时器中断用 的指针	1010~1060 6点 计数器中断用 的指针
常数	K 16位 -32,768~32,767		32位 -2,147,483,648~2,147,483,647		
	H 16位 0~FFFFH		32位 0~FFFFFFFFH		

图 7-27　三菱 FN 系列一般软元件列表

【　】内的软元件为电池保持区域。

①非保持区域。通过参数设定可以改变为保持区域。

②电池保持区域。通过参数设定，可以改变为非电池保持区域。

③电池保持固定区域。区域特性不可以改变。

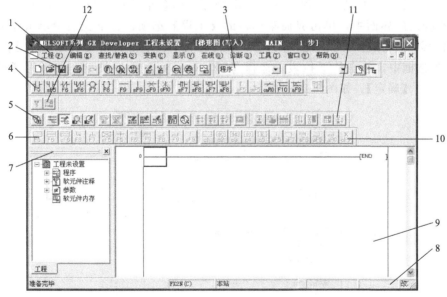

图 7-28　GX Develop 编程软件操作界面图

表 7-8　引出线的名称、内容说明

序号	名　称	内　容
1	下拉菜单	包含工程、编辑、查找/替换、交换、显示、在线、诊断、工具、窗口、帮助,共10个菜单

序号	名　称	内　容
2	标准工具条	由工程菜单、编辑菜单、查找/替换菜单、在线菜单、工具菜单中常用的功能组成
3	数据切换工具条	可在程序菜单、参数、注释、编程元件内存这四个项目中切换
4	梯形图标记工具条	包含梯形图编辑所需要使用的常开触点、常闭触点、应用指令等内容
5	程序工具条	可进行梯形图模式、指令表模式的转换；进行读出模式、写入模式、监视模式、监视写入模式的转换
6	SFC 工具条	可对 SFC 程序进行块变换、块信息设置、排序、块监视操作
7	工程参数列表	显示程序、编程元件注释、参数、编程元件内存等内容，可实现这些项目的数据设定
8	状态栏	提示当前的操作；显示 PLC 类型以及当前操作状态等
9	操作编辑区	完成程序的编辑、修改、监控等的区域
10	SFC 符号工具条	包含 SFC 程序编辑所需要使用的步、块启动步、选择合并、平行等功能键
11	编程元件内存工具条	进行编程元件的内存的设置
12	注释工具条	可进行注释范围设置或对公共/各程序的注释进行设置

9. 编写电动机正反转的 PLC 控制程序

电动机正反转程序的编制步骤如下。

(1) 创建工程

① 创建 PLC 工程并设置工程属性　从电脑【开始】菜单栏中找到 GX-Developer 并点击进入，在弹出的界面中，单击界面菜单栏的【工程】选项，在下拉表中单击【创建新工程】，弹出"创建新工程"对话框，在 PLC 系列选框中，单击其下拉表，选择【FXCPU】，在 PLC 类型选框中，单击其下拉表，选择【FX2N（C）】程序类型，选择为【梯形图逻辑】，然后单击【确定】。如图 7-29 所示。

图 7-29　"创建新工程"对话框

② 保存工程文件　单击【工程】—【保存工程】，选择保存路径，在工程名中输入"电动机正反转程序"，单击【保存】，然后退出工程。如图 7-30 所示。

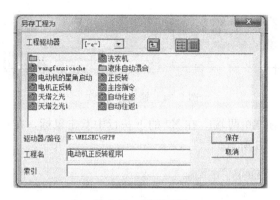

图 7-30 保存工程

注意 工程不允许存放在桌面上。若存在桌面上，则工程无法打开使用。

(2) 编写程序

① 输入常开指令 X0 新建工程，步骤同上，然后在第 0 步处的首端，双击鼠标，弹出"梯形图输入"对话框，在第二个空格中输入"LD X0"，然后单击【确定】，如图 7-31所示。

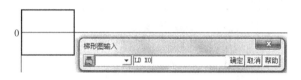

图 7-31 输入常开指令 X0

注意 输入的时候不区分大小写，但是指令与软元件间要隔开，即 LD 与 X0 之间要有空格，其他同理。

② 输入常闭指令 X2 在 X0 右边双击鼠标，在对话框输入"LDI X2"，然后单击【确定】，如图 7-32 所示。

图 7-32 输入常闭指令 X2

③ 输入常闭指令 X1 在 X2 右边双击鼠标，在对话框中输入"LDI X1"，然后单击【确定】，如图 7-33 所示。

图 7-33 输入常闭指令 X1

④ 输出指令 Y0 在 X1 右边双击鼠标，在对话框中输入"OUT Y1"，然后单击【确定】，如图 7-34 所示。

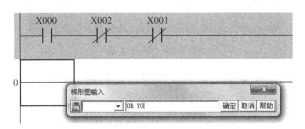

图 7-34　输出指令 Y0

⑤ 将 Y0 线圈并联在 X0 两端　在 X0 的下一行中双击鼠标，在对话框中输入"OR Y0"，然后单击【确定】，如图 7-35 所示。

图 7-35　并联自锁 Y0

⑥ 在 Y0 下一行输入指令 LD X1　双击 Y0 下一行，在对话框中输入"LD X1"，然后单击【确定】，如图 7-36 所示。

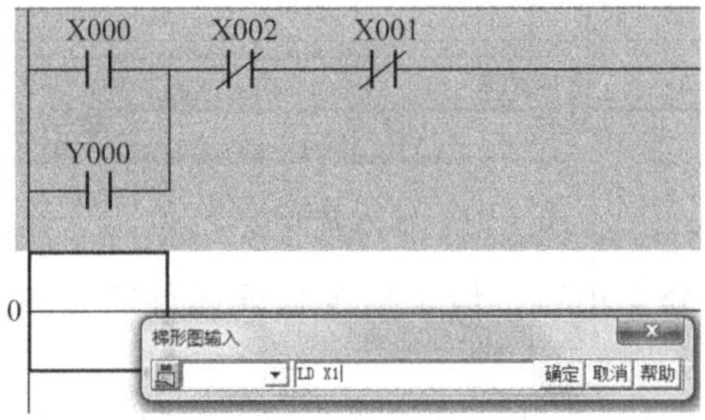

图 7-36　输入指令 X1

⑦ 在 X1 的右边输入常闭指令 X2　双击 X1 的右边，在对话框中输入"LDI X2"，然后单击【确定】，如图 7-37 所示。

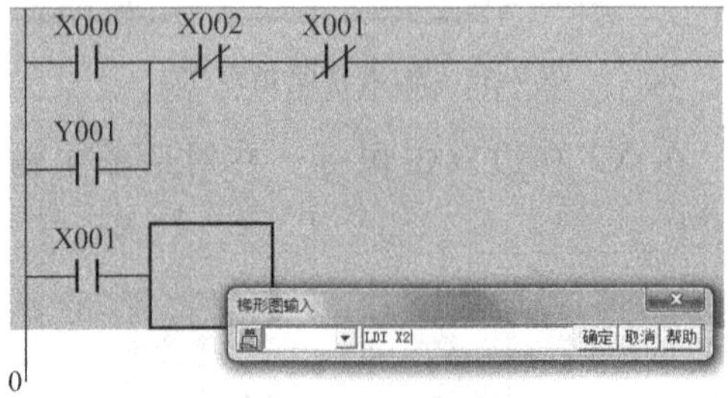

图 7-37　输入常闭指令 X2

⑧ 输入常闭指令 X0　在 X2 右边双击鼠标，在对话框中输入"LDI X0"，然后单击【确定】，如图 7-38 所示。

⑨ 输出指令 Y1　在 X0 右边双击鼠标，在对话框中输入"OUT Y1"，然后单击【确定】，如图 7-39 所示。

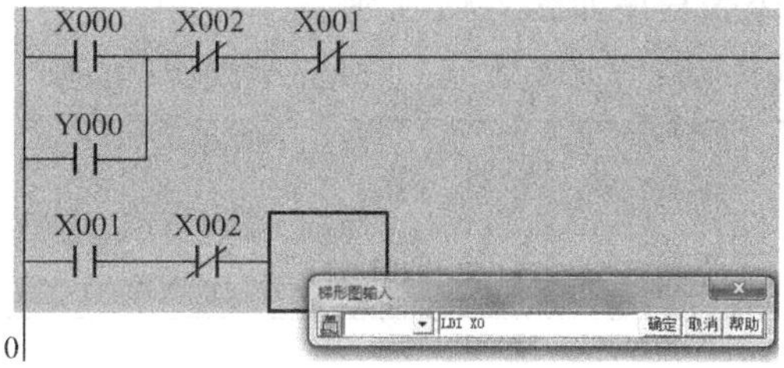

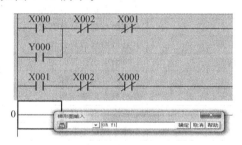

图 7-38　输入常闭指令 X0

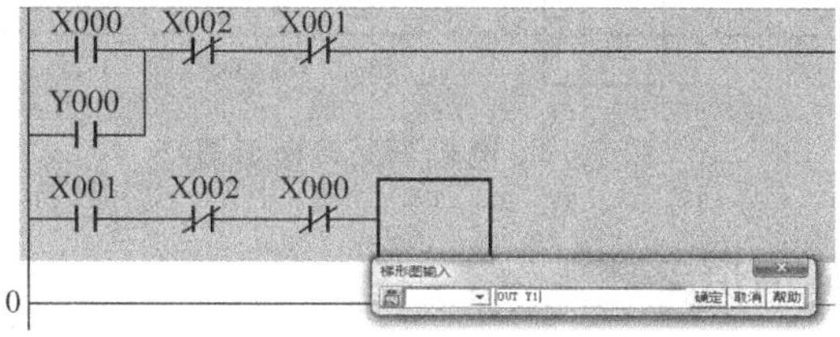

图 7-39　输出指令 Y1

⑩ 将 Y1 线圈并联在 X1 两端　在 X1 的下一行中双击鼠标，在对话框中输入"OR Y1"，然后单击【确定】，如图 7-40 所示。

图 7-40　并联自锁 Y1

（3）变换程序

最后进行程序变换。单击工具栏中的程序变换图标，此时，编写好的程序界面中将会由灰色变成白色，如图 7-41 所示。

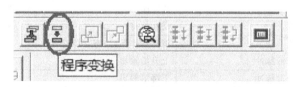

图 7-41　程序变换

这样电动机正反转程序就编写完成，如果要对程序进行修改，则必须单击工具栏中写入模式图标，如图 7-42 所示，然后才能对程序进行修改，再保存。

图 7-42　进入写入模式

最终梯形图程序与指令表程序如图 7-43 所示。

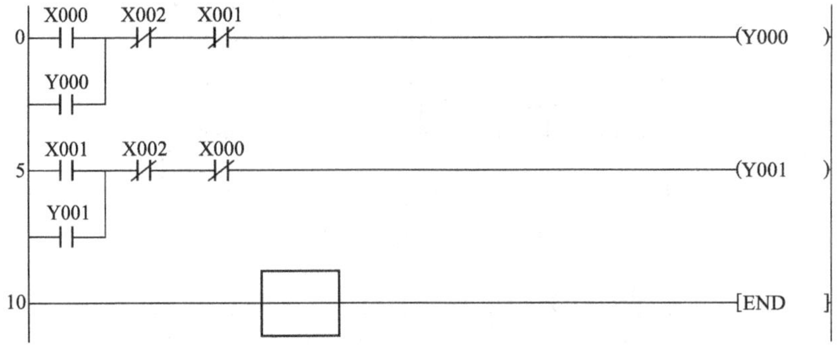

图 7-43　电机正反转梯形图

10. FX$_{2N}$系列 PLC 的基本指令

FX$_{2N}$系列 PLC 的基本指令如表 7-9 所示。

表 7-9　FX$_{2N}$系列 PLC 的基本指令

指令	含义	解释	适用范围
LD	取	常开触点逻辑运算开始	X,Y,M,S,T,C
LDI	取反	常闭触点逻辑运算开始	X,Y,M,S,T,C
LDP	取脉冲上升沿	上升沿检出运算开始	X,Y,M,S,T,C
LDF	取脉冲下降沿	下降沿检出运算开始	X,Y,M,S,T,C
AND	与	常开触点串联连接	X,Y,M,S,T,C
ANI	与非	常闭触点串联连接	X,Y,M,S,T,C
ANDP	与脉冲上升沿	上升沿检出串联连接	X,Y,M,S,T,C
ANDF	与脉冲下降沿	下降沿检出串联连接	X,Y,M,S,T,C
OR	或	常开触点并联连接	X,Y,M,S,T,C
ORI	或非	常闭触点并联连接	X,Y,M,S,T,C
ORP	或脉冲上升沿	上升沿检出并联连接	X,Y,M,S,T,C
ORF	或脉冲下降沿	下降沿检出并联连接	X,Y,M,S,T,C
ANB	块与	并联回路块的串联连接	
ORB	块或	串联回路块的并联连接	
OUT	输出	线圈驱动	Y,M,S,T,C
SET	置位	动作保持	Y,M,S
RST	复位	清除动作保持,寄存器清零	Y,M,S,T,C,D,V,Z
PLS	上升沿脉冲	上升沿输出	Y,M(特殊 M 除外)
PLF	下降沿脉冲	下降沿输出	Y,M(特殊 M 除外)
MC	主控	公共串联点的连接线圈指令	Y,M(特殊 M 除外)
MCR	主控复位	公共串联点的消除指令	
MPS	压栈	运算存储	
MRD	读栈	存储读出	
MPP	出栈	存储读出与复位	
INV	取反	运算结果的反转	
NOP	空操作	无动作	
END	结束	输入输出及返回到开始	

项目八　简单控制系统

任务一　简单控制系统设计原则

简单控制系统（单回路控制系统）是指由一个被控对象、一个测量变送器、一个控制器和一个执行机构（控制阀）所组成的闭环控制系统。

1. 被控变量的选择

（1）被控变量选择方法

① 选择能直接反映生产过程中产品产量和质量又易于测量的参数作为被控变量，称为直接参数法。

② 选择能间接反映产品产量和质量又与直接参数有单值对应关系、易于测量的参数作为被控变量，称为间接参数法。

（2）选择被控变量的原则

① 选择对产品的产量和质量、安全生产、经济运行和环境保护具有决定性作用的、可直接测量的工艺参数作为被控变量。

② 当不能用直接参数作为被控变量时，可选择一个与直接参数有单值函数关系并满足如下条件的间接参数为被控变量：

a. 满足工艺的合理性；

b. 具有尽可能大的灵敏度且线性好；

c. 测量变送装置的滞后小。

2. 操纵变量的选择

选择操纵变量，就是从诸多影响被控变量的输入参数中选择一个对被控变量影响显著而且可控性良好的输入参数，作为操纵变量，而其余未被选中的所有输入量则视为系统的干扰。

（1）对象静态特性对控制质量的影响

选择操纵变量构成控制系统时，从静态角度考虑，在工艺合理性的前提下，扰动通道的放大倍数 K_f 越小越好，K_f 小表示扰动对被控变量的影响小，系统可控性好；控制通道放大倍数 K_o 希望适当大些，以使控制通道灵敏些。

（2）对象动态特性的影响

对象的动态特性一般可由时间常数 T 和纯滞后 τ 来描述。设扰动通道时间常数为 T_f，纯滞后为 τ_f；控制通道的时间常数为 T_0，纯滞后为 τ_0。要考虑：

① 对扰动通道特性的影响，即 T_f 对控制质量的影响，以及纯滞后 τ_f 对控制质量的影响；

② 对控制通道的影响，即在选择操纵变量构成控制系统时，应使对象控制通道中 τ_0 适当小些，设法减小 τ_0。

（3）操纵变量的选择原则

① 要构成的控制系统，其控制通道特性应具有足够大的放大系数、比较小的时间常数及尽可能小的纯滞后时间。

② 系统主要扰动通道特性应该具有尽可能大的时间常数和尽可能小的放大系数。

③ 考虑工艺上的合理性，如生产负荷直接关系到产品的质量，不宜选为操纵变量。

3. 系统设计中的测量变送问题

纯滞后和测量滞后前面已有所提及。

传送滞后，即信号传送过程中引起的滞后。主要指的是气信号的传送，对于电信号这种传送滞后可以忽略不计。

4. 控制器对控制规律及正反作用的选择

（1）控制器对控制规律的选择

① 对于对象控制通道滞后较小、负荷变化不大、工艺要求又不太高的控制系统，可选用比例控制器。如储罐的液面以及不太重要的蒸汽压力等控制系统。

② 对象控制通道滞后较小、负荷变化不大、但不允许有余差的情况，可选用比例积分控制器。如流量、管道压力等控制系统往往采用 PI 控制器。

③ 对象滞后较大，如温度、pH 值等控制系统，则需引入微分作用。一般在对象滞后较大、负荷变化也较大、控制质量又要求较高时，可选用比例（P）积分（I）微分（D）控制器。

④ 当对象控制通道的滞后很小时，采用反微分作用可以收到良好的效果。

⑤ 当对象滞后很大、负荷又变化很大时，PID 作用控制器也不能解决问题，往往要设计某些复杂控制系统。

（2）控制器正反作用的选择

控制器正反作用的确定可采用方块图法。

方块图法（符号法），利用控制系统方块图中各环节的符号来确定控制器的正、反作用和环节正、负符号。凡是输入增大导致输出也增大的为"＋"，反之为"－"。

测量变送环节：当被控变量增加时其输出量也是增加的，作用方向一般都是"＋"。

控制阀环节：气开式，输入增大输出也增大，定义为"＋"，气关阀则定义为"－"。

被控对象环节：只需考虑控制通道输出与输入信号的关系。当操纵变量增加时被控变量也增加的对象，定义为"＋"，反之，定义为"一"。

确定控制器正、反作用次序一般为：首先根据生产工艺安全等原则确定控制阀的作用方式，以确定控制阀的符号，然后根据上述三个环节构成的开环系统各环节静态放大系数极性（符号）相乘必须为负的原则，来确定控制器的正、反作用方式。

<h2>任务二　简单控制系统的投运及控制器参数的工程整定</h2>

1. 简单控制系统的投运

经过控制系统的设计、仪表调校和安装，然后就是控制系统的投运，也就是将工艺生产从手操状态切入自动控制状态。

控制系统投运前应做好如下的准备工作：

① 详细了解工艺，对投运中可能出现的问题有所估计；

② 看懂控制系统的设计意图；

③ 在现场，通过简单的操作对有关仪表（包括控制阀）的功能做出是否可靠且性能是否基本良好的判断；

④ 设置好控制器正反作用和P、I、D参数；

⑤ 按无扰动切换（指手、自动切换时阀上信号基本不变）的要求将控制器切入自动。

2. 控制器参数的工程整定

控制器参数整定的任务，是对已定的控制系统求取保证控制过程质量为最好的参数。

目前整定参数的方法有两大类：一类是理论计算整定的方法，如频率特性法、根轨迹法等，这些方法都是要获取对象的动态特性，而且比较费时，因而在工程上多不采用；另一类是工程整定的方法，如经验法、临界比例度法和衰减曲线法等，它们都不需要获得对象的动态特性，而直接在闭合的控制回路中进行整定，因而简单、方便，适合在工程上实际应用。

（1）经验法

它是根据经验先将控制器参数放在某些数值上，直接在闭合的控制系统中通过改变给定值以施加干扰，看输出曲线的形状，以 $\delta(\%)$、T_I、T_D 对控制过程的规律为指导，调整相应的参数进行凑试，直到合适为止。

（2）临界比例度法

将控制器的积分作用和微分作用除去，按比例度由大到小的变化规律，对应于某一 $\delta(\%)$ 值做小幅度的设定值阶跃干扰，以获得临界情况下的临界振荡。这时候的比例度叫做临界比例度 δ_k，振荡的两个波峰之间的时间即为临界振荡周期 T_k。然后按经验公式求取控制器参数的最初设定值。观察系统的响应过程，若曲线不符合要求，再适当调整整定参数值。

（3）衰减曲线法

这种方法是以得到具有通常所希望的衰减比（4∶1）的过渡过程为整定要求。

其方法是：在纯比例作用下，由大到小调整比例度以得到具有衰减比 4∶1 的过渡过程，记下此时的比例度 δ_s 及振荡周期 T_s，根据经验公式，求出相应的积分时间 T_I 和微分时间 T_D。

（4）响应曲线法

这是一种根据广义对象的时间特性来整定参数的方法。

任务三　单回路控制系统工程设计实例

以喷雾式干燥塔控制系统设计为例。

1. 被控变量与操纵变量的选择

（1）被控变量的选择

由于产品的湿度测量十分困难，所以不能取直接参数。根据生产工艺分析，产品的湿度与塔出口的温度密切相关，若保证温度波动小于 2～5℃，则符合质量要求。因而选干燥塔出口温度为被控变量（间接参数）。

（2）操纵变量的选择

影响干燥塔出口温度的主要因素有加压空气流量 $f_1(t)$、浆液流量 $f_2(t)$、旁路空气流量 $f_3(t)$、烟道气流量 $f_4(t)$，因而有 4 个变量可作为操纵变量，用控制阀 1、2、3、4 分别控制这 4 个变量，可构成 4 种控制方案。

比较 4 种控制方案，最后确定干燥塔总体控制方案：加压空气单独设计一流量控制系统，以排除其对干燥塔温度的影响；温度控制系统，取塔出口温度为被控变量，旁路空气为操纵变量。

2. 过程检测、控制设备的选用

根据生产工艺和用户要求，选用电动单元组合（DDZ）仪表。

（1）温度控制系统

① 测温元件及变送器　被控温度在 100℃ 以下，选用热电阻温度计。为提高检测精度，应用三线制接法，并配用温度变送器。

② 控制阀　根据生产工艺安全原则及被控介质特点，选气关形式。根据过程特点与控制要求，选用对数流量的控制阀。

③ 控制器　根据过程特点与工艺要求，选用 PID 控制规律。根据构成系统负反馈的原则，确定控制器的正、反作用方向。

（2）流量控制系统

① 检测仪表　根据被控介质的特点，选用电磁流量表。

② 控制阀　根据生产工艺安全原则及被控介质特点，选气开形式。根据过程特点与控制要求，选用线性流量特性的控制阀。

③ 控制器　根据过程特点与工艺要求，选纯比例控制规律即可。

 【思考题】

① 某台控制阀的额定流量系数 $K_{max}=100$。当阀前后压差为 200kPa 时，其两种流体密度分别为 $1.2g/cm^3$ 和 $0.8g/cm^3$，流动状态均为非阻塞流时，问所能通过的最大流量各是多少？

② 对于一台可调范围 $R=30$ 的控制阀，已知其最大流量系数为 $K_{max}=100$，流体密度为 $1g/cm^3$。阀由全关到全开时，由于串联管道的影响，使阀两端的压差由 100kPa 降为 60kPa，如果不考虑阀的泄漏量的影响，试计算系统的阻力比（或分压比）s，并说明串联管道对可调范围的影响（假设被控流体为非阻塞的液体）。

③ 某台控制阀的流量系数 $K_{max}=200$。当阀前后压差为 1.2MPa，流体密度为 $0.81g/cm^3$，流动状态为非阻塞流时，问所能通过的最大流量为多少？如果压差变为 0.2MPa 时，所能通过的最大流量为多少？

④ 什么叫气动执行器的气开式与气关式？其选择原则是什么？

⑤ 已知某控制阀串联在管道中，系统总压差为 100kPa，阻力比为 $s=0.5$。阀全开时流过水的最大流量为 $60m^3/h$。阀的理想可调范围 $R=30$，假设流动状态为非阻塞流。问该阀的额定（最大）流量系数 K_{max} 及实际的可调范围 R_r 为多少？

項目九　复杂控制系统

1. 串级控制系统的基本概念

串级控制系统采用了两个控制器（图9-1），将温度控制器称为主控制器，流量控制器称为副控制器。主控制器的输出作为副控制器的设定，然后由副控制器的输出去操纵控制阀。在串级控制系统中出现了两个被控对象，即主对象（温度对象）和副对象（流量对象），所以有两个被控变量：主被控变量（温度）和副被控变量（流量）。主被控变量的信号送往主控制器，而副被控变量的信号被送往副控制器作为测量，这样就构成了两个闭合回路，即主回路（外环）和副回路（内环）。

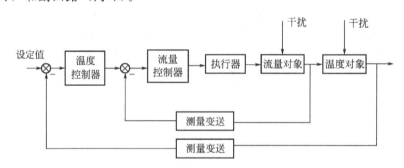

图9-1　串级控制系统

2. 串级控制系统的特点

① 改善了对象特征，起了超前控制的作用。

② 改善了对象动态特性，提高了工作频率。

③ 提高了控制器总放大倍数，增强了抗干扰能力。

④ 具有一定的自适应能力，适应负荷和操作条件的变化。

3. 串级控制系统的设计

① 在选择副参数时，必须把主要干扰包含在副回路中，并力求把更多的干扰包含在副回路中。

② 选择副参数，进行副回路的设计时，应使主、副对象的时间常数适当匹配。

③ 方案应考虑工艺上的合理性、可能性和经济性。

4. 串级控制系统的应用场合

① 被控对象的控制通道纯滞后时间较长，用单回路控制系统不能满足质量指标时，可采用串级控制系统。

② 对象容量滞后比较大，用单回路控制系统不能满足质量指标时，可采用串级控制系统。

③ 控制系统内存在变化激烈且幅值很大的干扰。

④ 被控对象具有较大的非线性，而负荷变化又较大。

5. 串级控制系统应用中的问题

（1）主、副控制器控制规律的选择

串级控制系统中主、副控制器的控制规律选择都应按照工艺要求来进行。主控制器一般选用 PID 控制规律，副控制器一般可选 P 控制规律。

（2）主、副控制器正、反作用方式的确定

副控制器作用方式的确定，与简单控制系统相同。主控制器的作用方向则与工艺条件有关。

（3）串级控制系统控制器的参数整定

① 在主回路闭合的情况下，主、副控制器都为纯比例作用，并将主控制器的比例度置于 100%，用 4：1 衰减曲线法整定副控制器，求取副回路 4：1 衰减过程的副控制器比例度（δ_{2p}）以及操作周期（T_{2p}）。

② 将副控制器的比例度置于所求的数值 δ_{2p} 上，把副回路作为主回路的一个环节，用同样的方法整定主控制器，求取主回路 4：1 衰减过程的 δ_{1p} 和 T_{1p}。

③ 根据求得的 δ_{1p} 和 T_{1p}、δ_{2p} 和 T_{2p} 数值，按经验公式求出主、副控制器的比例度、积分时间和微分时间。

④ 按先副后主、先比例后积分再微分的顺序，设置主、副控制器的参数，再观察过渡过程曲线，必要时进行适当的调整，直到系统质量达到最佳为止。

任务二　比值控制系统

1. 概述

在生产过程中经常需要两种或两种以上的物料以一定的比例进行混合或参加化学反应。在需要保持比例关系的两种物料中，往往其中一种物料处于主导地位，称为主物料或主动量 F_1；而另一种物料随主物料的变化成比例地变化，称为从物料或从动量 F_2。例如在稀硝酸生产中，空气是随氨的多少而变化的，因此氨为主动量 F_1，空气为从动量 F_2。

2. 常用的比值控制方案

(1) 单闭环比值控制

单闭环比值控制如图 9-2 所示。这类比值控制系统的优点是两种物料流量之比较为精确，实施也较方便，所以得到广泛的应用。

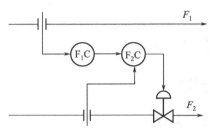

图 9-2　单闭环比值控制图

(2) 双闭环比值控制

为了既能实现两流量的比值恒定，又能使进入系统的总流量 $F_1 + F_2$ 不变，因此在单闭环比值控制的基础上又出现了双闭环比值控制系统。

这类比值控制系统的优点是在主流量受到干扰作用开始，到重新稳定在设定值这段时间内发挥作用，比较安全。

(3) 变比值控制系统

要求两种物料流量的比值随第三参数的需要而变化。

(4) 比值控制系统的设计步骤

① 主、从动量的确定。

② 控制方案的选择。

③ 比值系数的计算。

④ 控制方案的实施。

任务三　前馈控制系统

1. 前馈控制系统的基本概念

前馈控制是一种按干扰进行控制的开环控制方法。当干扰出现以后，被控变量还未变化时，前馈控制器（也称前馈补偿装置）就根据干扰的幅值和变化趋势对操纵变量进行控制，来补偿干扰对被控变量的影响，所以相对于反馈控制，前馈控制是比较及时的。

前馈控制系统的几种结构形式：

① 静态前馈控制系统；

② 动态前馈控制系统。

静态前馈控制系统虽然结构简单，易于实现，在一定程度上可改善过程品质，但在扰动作用下控制过程的动态偏差依然存在。对于扰动变化频繁和动态精度要求比较高的生产过程，对象两个通道动态特性又不相等时，静态前馈往往不能满足工艺上的要求，这时应采用动态前馈方案。

动态前馈与静态前馈从控制系统的结构上看是一样的，只是前馈控制器的控制规律不同。动态前馈要求控制器的输出不仅仅是干扰量的函数，而且也是时间的函数。要求前馈控制器的校正作用使被控变量的静态和动态误差都接近或等于零。显然这种控制规律是由对象的两个通道特性决定的，由于工业对象的特性千差万别，如果按对象特性来设计前馈控制器，将会种类繁多，一般都比较复杂，实现起来比较困难。一般采用在静态前馈的基础上，加上延迟环节和微分环节，以达到干扰作用的近似补偿。

③ 前馈-反馈控制　前馈与反馈控制的优点和缺点总是相对应的，若将其组合起来，构成前馈-反馈控制系统，既发挥了前馈控制作用及时的优点，又保持了反馈控制能克服多个扰动和具有对被控变量进行反馈检测的长处，因此这种控制系统是适合于过程控制的较好方式。

2. 前馈控制系统的应用场合

① 系统中存在着可测但不可控的变化幅度大且频繁的干扰，这些干扰对被控变量影响显著，反馈控制达不到质量要求时。

② 当控制系统的控制通道滞后时间较长，由于反馈控制不及时，影响控制质量时，可采用前馈或前馈-反馈控制系统。

任务四　均匀控制系统

1. 均匀控制的概念

在石油化工生产中，采用连续生产方式，各生产过程都与前面的生产过程紧密联系，前一设备的出料往往是后一设备的进料，而后者的出料又源源不断地输送给其他设备作进料，于是产生了前后设备之间的供求矛盾和协调问题。

解决前后工序供求矛盾，使液面和流量的变化互相兼顾，均匀变化，这就是均匀控制系统的目的。其控制过程曲线如图9-3所示。

怎样才算达到均匀控制系统的目的呢？液位和流量两个变量的变化应满足如下要求：

① 两个变量在控制过程中都应该是变化的，且变化是缓慢的。

② 两个变量必须在允许的范围内变化，均匀控制要求在最大干扰作用下，液位在塔釜的上下限内波动，而流量应在一定范围内平稳渐变，避免对后段工序产生较大的干扰。

2. 均匀控制方案

① 简单均匀控制　从结构上看，与一般单回路液面控制系统无异，但从本质上看，两者是有区别的，主要在于控制器的控制规律选择及参数整定问题上。

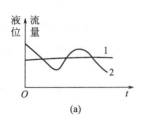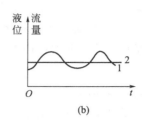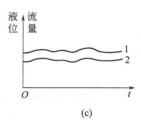

(a)　　　　　　　　　　(b)　　　　　　　　　　(c)

图 9-3　控制过程曲线图

② 串级均匀控制系统　均匀控制系统克服阀前后压力变化的影响及液位自衡作用的影响效果较差。为了克服这一缺点，可在原方案的基础上增加一个流量副回路，即构成串级均匀控制。

串级均匀控制系统所用仪表较多，适用于控制阀前后压力干扰和自衡作用较显著，而且对流量的平衡要求又较高的场合。

任务五　分程控制系统

1. 分程控制系统的基本概念

由一个控制器的输出信号分段分别去控制两个或两个以上控制阀动作的系统，称为分程控制系统。

分程控制方案中，阀的开闭形式可分同向和异向两种，如图 9-4 和图 9-5 所示。同向或异向规律的选择，由工艺的需要而定。

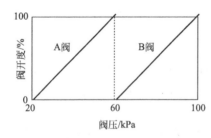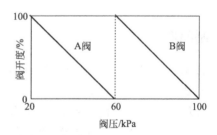

图 9-4　控制阀分程动作（同向）

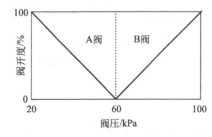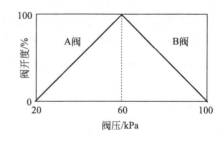

图 9-5　控制阀分程动作（异向）

2. 分程控制系统的应用

设计分程控制有两方面的目的：一是扩大控制阀的可调范围，以改善控制系统的品质；二是满足工艺上的特殊需求。分程控制还能解决生产过程中的一些特殊要求。图 9-6 所示是间歇反应器的温度分程控制系统。

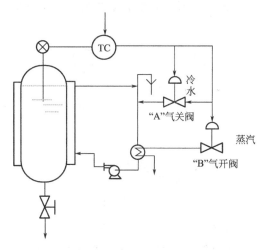

图 9-6　间歇反应器的温度分程控制系统

在生产过程中，有许多存放各种油品或石油化工产品的储罐都建在室外，为使这些油品或产品不与空气接触，被氧化变质，或引起爆炸，常采用罐顶充氮气的方法与外界隔绝。采用氮封技术的要求是始终保持储罐内的氮气压呈微量正压。当储罐内储存物料量增减时，将引起罐顶压力的升降，应及时进行控制，否则将使储罐变形，甚至破裂，造成浪费或引起燃烧、爆炸危险。因此，当储罐内液面上升时，应停止继续补充氮气，并将压缩的氮气适量排出。反之，当液面下降时，应停止放出氮气而需补充氮气。为满足工艺这种要求，设计了图 9-7 所示的分程控制系统。

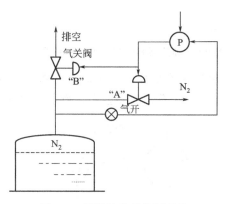

图 9-7　储罐的分程控制系统

分程控制本质上是简单控制系统，有关控制器控制规律的选择及其参数整定，可参照简单控制系统处理。但由于两只控制阀两个控制通道特性不同，可能引起广义对象特性的改变，所以控制器参数整定只能兼顾两种情况，选取一组比较合适的参数。

【思考题】

(1) 图 9-8 是一反应器温度控制系统示意图。试画出这一系统的方块图，并说明各方块的含义，指出它们具体代表什么？假定该反应器温度控制系统中，反应器内需维持一定温度，以利反应进行，但温度不允许过高，否则有爆炸危险。试确定执行器的气开、气关型式和控制器的正、反作用。

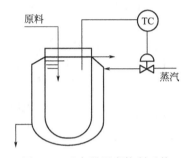

图 9-8　反应器温度控制系统

(2) 试确定如图 9-9 所示两个系统中执行器的正、反作用及控制器的正、反作用。

① (a) 图为一加热器出口物料温度控制系统，要求物料温度不能过高，否则容易分解。

② (b) 图为一冷却器出口物料温度控制系统，要求物料温度不能太低，否则容易结晶。

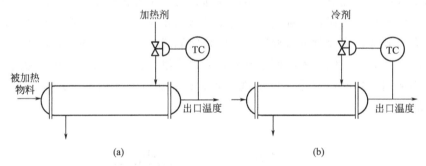

图 9-9　加热器和冷却器出口物料控制系统

(3) 图 9-10 所示为一锅炉汽包液位控制系统的示意图，要求锅炉汽包不能烧干。试画出该系统的方块图，判断控制阀的气开、气关型式，确定控制器的正、反作用，并简述当加

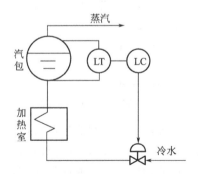

图 9-10　锅炉汽包液位控制系统示意图

热室温度升高导致蒸汽蒸发量增加时,该控制系统是如何克服扰动的?

(4) 图 9-11 所示为精馏塔温度控制系统的示意图,它通过控制进入再沸器的蒸汽量实现被控变量的稳定。试画出该控制系统的方块图,确定控制阀的气开、气关型式和控制器的正、反作用,并简述由于外界扰动使精馏塔温度升高时该系统的控制过程(此处假定精馏塔的温度不能太高)。

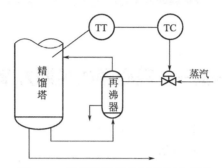

图 9-11　精馏塔温度控制系统示意图

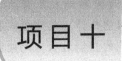

项目十 典型化工单元控制方案举例

任务一 离心泵的控制方案

离心泵流量控制的目的是要将泵的排出流量恒定于某一给定的数值上。

离心泵的流量控制大体有三种方法。

（1）控制泵的出口阀门开度

当干扰作用使被控变量（流量）发生变化偏离给定值时，控制器发出控制信号，阀门动作，控制结果使流量回到给定值，如图 10-1 和图 10-2 所示。

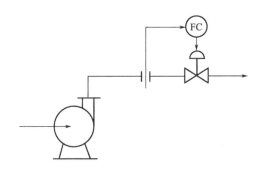

图 10-1 改变泵出口阻力控制流量

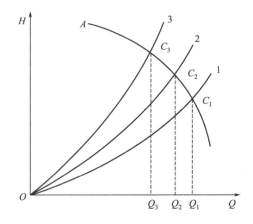

图 10-2 泵的流量特性曲线与管路特性曲线

注意 控制阀一般应该安装在泵的出口管线上，而不应该安装在泵的吸入管线上（特殊情况除外）。

(2) 控制泵的转速

图 10-3 是改变转速控制流量的曲线图，图中曲线 1、2、3 表示转速分别为 n_1、n_2、n_3 时的流量特性，且有 $n_1 > n_2 > n_3$。

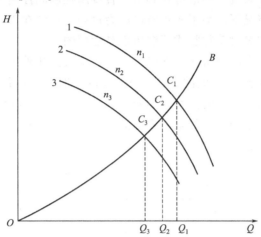

图 10-3 改变泵的转速控制流量

该方案从能量消耗的角度来衡量最为经济，机械效率较高，但调速机构一般较复杂，所以多用在蒸汽透平驱动离心泵的场合，此时仅需控制蒸汽量即可控制转速。

(3) 控制泵的出口旁路

将泵的部分排出量重新送回到吸入管路，用改变旁路阀开启度的方法来控制泵的实际排出量，如图 10-4 所示。控制阀装在旁路上，压差大，流量小，因此控制阀的尺寸较小。

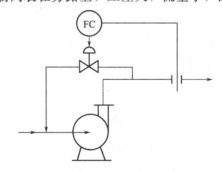

图 10-4 改变旁路阀控制流量

该方案不经济，因为旁路阀消耗一部分高压液体能量，使总的机械效率降低，故很少采用。

任务二 压气机的控制方案

1. 压气机的分类

压气机根据其作用原理不同，可分为离心式和往复式两大类。按进、出口压力高低的差别，可分为真空泵、鼓风机、压缩机等类型。

（1）直接控制流量

对于低压的离心式鼓风机，一般可在其出口直接用控制阀控制流量。由于管径较大，执行器可采用蝶阀。其余情况下，为了防止出口压力过高，通常在入口端控制流量。因为气体的可压缩性，所以这种方案对于往复式压缩机也是适用的。

在控制阀关小时，会在压缩机入口端引起负压，这就意味着吸入同样容积的气体，其质量流量减小了。流量降低到额定值的 50%～770% 以下时，负压严重，压缩机效率大为降低。这种情况下，可采用分程控制方案，如图 10-5 所示。出口流量控制器 FC 操纵两个控制阀。吸入阀只能关小到一定开度，如果需要的流量更小，则应打开旁路阀 2，以避免入口端负压严重。两只阀的特性见图 10-6。

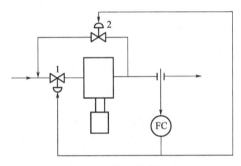

图 10-5　分程控制方案

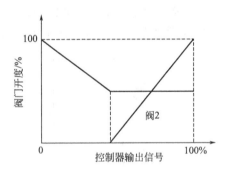

图 10-6　分程阀的特性

为了减少阻力损失，对大型压缩机，往往不用控制吸入阀的方法，而用调整导向叶片角度的方法。

（2）控制旁路流量

对于压缩比很高的多段压缩机，从出口直接旁路回到入口是不适宜的，这样控制阀前后压差太大，功率损耗太大。为了解决这个问题，可以在中间某段安装控制阀，使其回到入口端，用一只控制阀可满足一定工作范围的需要。参阅图 10-7。

（3）调节转速

压气机的流量控制可以通过调节原动机的转速来达到。这种方案效率最高，节能最好。问题在于调速机构一般比较复杂，没有前两种方法简便。

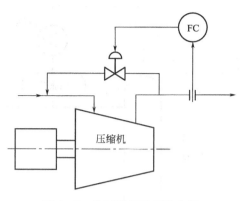

图 10-7　控制压缩机旁路方案

任务三　精馏塔的控制方案

1. 工艺要求

（1）保证质量指标

对于一个正常操作的精馏塔，一般应当使塔顶或塔底产品中的一个产品达到规定的纯度要求，另一个产品的成分亦应保持在规定的范围内。为此，应当取塔顶或塔底的产品质量作被控变量，这样的控制系统称为质量控制系统。

质量控制系统需要能测出产品成分的分析仪表。

（2）保证平稳操作

为了保证塔的平稳操作，必须把进塔之前的主要可控干扰尽可能预先克服，同时尽可能缓和一些不可控的主要干扰。

为了维持塔的物料平衡，必须控制塔顶馏出液和釜底采出量，使其之和等于进料量，而且两个采出量变化要缓慢，以保证塔的平稳操作。

塔内的持液量应保持在规定的范围内。控制塔内压力稳定，对塔的平稳操作是十分必要的。

（3）约束条件

为保证正常操作，需规定某些参数的极限值为约束条件。

（4）节能要求和经济性

在精馏操作中，质量指标、产品回收率和能量消耗均是要控制的目标。

其中质量指标是必要条件，在质量指标一定的前提下，应在控制过程中使产品产量尽量高一些，同时能量消耗尽可能低一些。

2. 精馏塔的干扰因素

精馏塔的物料流程图如图 10-8 所示。其干扰因素如下：

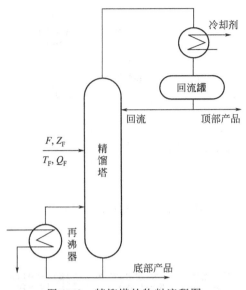

图 10-8   精馏塔的物料流程图

① 进料流量 F 的波动；

② 进料成分 Z_F 的变化；

③ 进料温度 T_F 及进料热焓 Q_F 的变化；

④ 再沸器加热剂（如蒸汽）加入热量的变化；

⑤ 冷却剂在冷凝器内除去热量的变化；

⑥ 环境温度的变化。

3. 精馏塔的控制方案

（1）精馏塔的提馏段温控

如果采用以提馏段温度作为衡量质量指标的间接指标，而以改变回流量作为控制手段的方案，就称为提馏段温控，如图 10-9 所示。

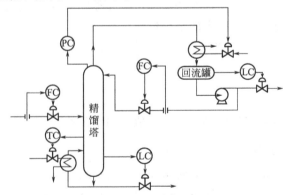

图 10-9   提馏段温控的控制方案示意图

提馏段温控的主要特点与使用场合：

① 采用了提馏段温度作为间接质量指标，它能较直接地反映提馏段产品情况，将提馏段温度恒定后，就能较好地保证塔底产品的质量达到规定值；

② 当干扰首先进入提馏段时，用提馏段温控就比较及时，动态过程也比较快。

（2）精馏塔的精馏段温控

如果采用以精馏段温度作为衡量质量指标的间接指标，而以改变回流量作为控制手段的方案，就称为精馏段温控，如图 10-10 所示。

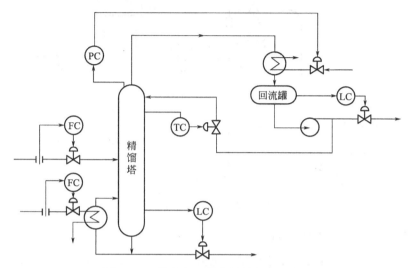

图 10-10　精馏段温控的控制方案示意图

精馏段温控的主要特点与使用场合：

① 采用精馏段温度作为间接质量指标，它能较直接地反映精馏段的产品情况，当塔顶产品纯度要求比塔底严格时，一般宜采用精馏段温控方案；

② 如果干扰首先进入精馏段，采用精馏段温控就比较及时。

在采用精馏段温控或提馏段温控时，当分离的产品较纯时，由于塔顶或塔底的温度变化很小，对测温仪表的灵敏度和控制精度都提出了很高的要求，但实际上却很难满足。解决这一问题的方法，是将测温元件安装在塔顶以下或塔底以上几块塔板的灵敏板上，以灵敏板的温度作为被控变量。

（3）精馏塔的温差控制及双温差控制

采用温差作为衡量质量指标的间接变量，是为了消除塔压波动对产品质量的影响。

温差与产品纯度之间并非单值关系，见图 10-11。

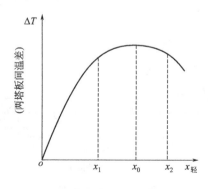

图 10-11　ΔT-x 曲线

双温差控制（图 10-12）就是分别在精馏段及提馏段上选取温差信号，然后将两个温差信号相减，作为控制器的测量信号（即控制系统的被控变量）。

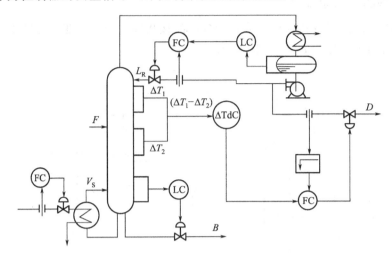

图 10-12　双温差控制方案

（4）按产品成分或物性的直接控制方案

能利用成分分析器，例如红外分析器、色谱仪、密度计、干点和闪点以及初馏点分析器等，分析出塔顶（或塔底）的产品成分并作为被控变量，用回流量（或再沸器加热量）作为控制手段组成成分控制系统，就可实现按产品成分的直接指标控制。

 【思考题】

① 在自动控制系统中，测量变送装置、控制器、执行器各起什么作用？

② 试分别说明什么是被控对象、被控变量、给定值、操纵变量、操纵介质？

③ 某化学反应器工艺规定操作温度为（900±10）℃。考虑安全因素，控制过程中温度偏离给定值最大不得超过 80℃。现设计的温度定值控制系统，在最大阶跃干扰作用下的过渡过程曲线如图 10-13 所示。试求该系统的过渡过程品质指标：最大偏差、超调量、衰减比、余差、振荡周期和过渡时间［被控温度进入新稳态值的±1%，即 900×（±1%）＝±9℃的时间］，并回答该控制系统能否满足题中所给的工艺要求？

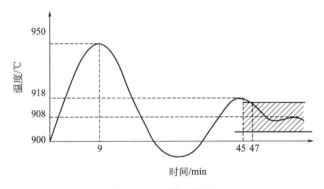

图 10-13　题 3 附图

④ 某原油加热炉系统如图 10-14 所示，工艺要求原油出口温度稳定，无余差，已知燃料入口的压力波动频繁，是该控制系统的主要干扰。试根据上述要求设计一个温度控制系统，画出控制系统原理图和方块图，确定调节阀的作用形式，并选择合适的控制规律和控制器的正、反作用（加热器内不允许温度过高）。

如果原油的流量波动频繁，如何设计使原油出口温度稳定的控制系统？

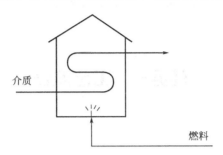

图 10-14　题 4 附图

⑤ 如图 10-15 所示的列管式换热器，工艺要求出口物料温度稳定，无余差，超调量小。已知主要干扰为载热体（蒸汽）压力不稳定。试确定控制方案，画出该自动控制系统原理图与方块图；若工艺要求换热器内不允许温度过高，试确定控制阀的气开、气关型式，并确定所选控制器的控制规律及正、反作用。

如果主要干扰是入口介质流量不稳定，又如何设计控制方案？

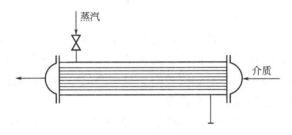

图 10-15　题 5 附图

项目十一 催化裂化装置控制系统

任务一 工艺流程

1. 装置概况

140万吨/年重油催化裂化联合装置，包括反再系统、分馏系统、吸收稳定系统共3个部分。装置以大庆减压渣油、减压蜡油、酮苯蜡膏、糠醛抽出油调和油为原料，采用超稳分子筛催化剂，主要产品为液化气、汽油、轻柴油、重柴油、油浆等。工艺路线采用超稳分子筛催化剂提升管反应，并配有烟气回收及外取热器。

2. 工艺原理

催化裂化是炼油工业中重要的二次加工过程，是重油轻质化的重要手段。它使原料油在适宜的温度、压力和催化剂存在的条件下，进行分解、异构化、氢转移、芳构化、缩合等一系列化学反应，原料油转化成气体、汽油、柴油等主要产品及油浆、焦炭的生产过程。催化裂化过程具有轻质油收率高、汽油辛烷值较高、气体产品中烯烃含量高等特点。

催化裂化的生产过程包括以下几个部分。

① 反应再生部分　其主要任务是完成原料油的转化。原料油通过反应器与催化剂接触并反应，不断输出反应产物，催化剂则在反应器和再生器之间不断循环。在再生器中通入空气，烧去催化剂上的积炭，恢复催化剂的活性，使催化剂能够循环使用。烧焦放出的热量又以催化剂为载体，不断带回反应器，供给反应所需的热量，过剩热量由专门的取热设施取出加以利用。

② 分馏部分　主要任务是根据反应油气中各组分沸点的不同，将它们分离成富气、粗汽油、轻柴油、回炼油、油浆，并保证汽油干点、轻柴油凝固点和闪点合格。

③ 吸收稳定部分　利用各组分在液体中溶解度不同，把富气和粗汽油分离成干气、液化气、稳定汽油。

3. 工艺流程及说明

装置用的混合蜡油和减压渣油由泵P-201抽进装置原料油罐，经原料油泵P-202/1、2升压，与油浆换热至220℃左右后，经混合器，从原料油雾化喷嘴进入提升管反应器反应，与经干气预提升的660℃左右的高温催化剂接触汽化并进行反应，反应油气经粗旋风分离器进行气剂粗分离，分离出的油气经单级旋风分离器进一步脱除催化剂细粉后，经大油气管线至分馏塔底部，分馏塔底油浆固体含量一般控制在不大于6g/L。分离出的待生催化剂经沉降器汽提段汽提后，经待生催化剂滑阀至再生器进行催化剂再生。

待生催化剂在主风的作用下进行湍流烧焦，催化剂在680℃、贫氧的条件下进行不完全再生，烧掉绝大部分的焦炭，烧炭的多少视进料轻重不同而异，炭的燃烧量和再生温度由进入再生器的风量控制，以便获得灵活的操作条件。烧焦产生的烟气，先经旋风分离器分离其中携带的催化剂，再经三级旋风分离器进一步分离催化剂后，进入烟气轮机膨胀做功，驱动主风机组。烟气出烟气轮机后进入余热锅炉部分，补燃烧掉的其中 CO_2 后，进一步回收烟气的余热后，经烟囱排入大气。

再生器压力控制在0.21MPa（表），温度在660～710℃范围。烧焦后的再生催化剂经再生斜管至提升管预提升段。在提升管预提升段，以干气作提升介质，完成再生催化剂加速、整流过程，然后与雾化原料接触反应。为维持两器热平衡，增加操作的灵活性，在再生器设置了可调节取热量的外取热器。由再生器床层引出的高温催化剂流入外取热器自上向下流动，取热管浸没在流化床内，管内走水。取热器底部通入流化空气，以维持良好的流化，维持流化床催化剂对直立浸没管的良好传热。经换热后的催化剂温降在200℃左右，通过外取热器下滑阀流入再生器底部。

(1) 分馏系统

分馏塔（C-201）共32层塔盘，塔底部装有10层人字挡板。由沉降器来的反应油气进入分馏塔底部，通过人字挡板与循环油浆逆流接触，洗涤反应油气中的催化剂并脱除过热，使油气呈饱和状态进入主分馏塔上部进行分馏。油气经分馏后得到富气、粗汽油、轻柴油、回炼油及油浆。

分馏塔顶油气分别经分馏塔顶油气-热水换热器（E-203）、分馏塔顶油气干式空冷器（EC-201）、分馏塔顶冷凝冷却器（E-209）冷却至40℃，进分馏塔顶油气分离器（D-201）进行气液分离。分出的粗汽油进吸收塔作吸收剂，富气进入气压机，酸性水去污水管线。

轻柴油自分馏塔抽出，自流至轻柴油汽提塔，汽提后的轻柴油由轻柴油泵（P-206）抽出，经轻柴油-解吸塔底重沸器（E-304）、轻柴油-富吸收油换热器（E-204）、轻柴油-热水换热器（E-206）换热后，经轻柴油冷却器（E-236）冷却到60℃，再分成两路，一路作为产品出装置，另一路经贫吸收油冷却器（E-210）冷却到40℃，送至再吸收塔作吸收剂。

重柴油自分馏塔抽出，自流至重柴油汽提塔，汽提后的重柴油由重柴油泵（P-208）抽出，经重柴油-热水换热器（E-230）、重柴油冷却器（E-231）冷却到60℃出装置。

分馏塔多余的热量分别由顶循环回流、一中段循环回流、油浆循环回流取走。顶循环回流自分馏塔抽出，用顶循环油泵（P-204）升压，经顶循环油-热水换热器（E-202和E-205）、顶循环油冷却器（E-233）降至90℃返回分馏塔顶。一中段回流油自分馏塔抽出后，用一中循环油泵（P-205）升压，经稳定塔底重沸器（E-304）、分馏一中-热水换热器（E-212）、分馏一中冷却器（E-235），温度降至200℃返回分馏塔。

油浆自分馏塔底由油浆泵（P-210）抽出后，经原料油-循环油浆换热器（E-201）换热，再经循环油浆蒸汽发生器（E-208）发生中压饱和蒸汽后，温度降至280℃，分为三部分：一部分返回分馏塔底（上返塔）；另一部分经油浆-热水换热器（E-218）返回分馏塔底（下返塔）；还有一部分经产品油浆-热水换热器、油浆冷却器冷却至90℃，送出装置。

（2）吸收稳定系统

从分馏部分（D-201）出来的富气被压缩机（K-301）升压至 1.6～1.8MPa。气压机出口富气与富气洗涤水、解吸塔顶气混合，经压缩富气干空冷（EC-301/1、2）冷却至 50℃，与吸收塔底油混合后，进入气压机出口油气分离器（D-301）进行气、液分离。分离后的气体进入吸收塔，用粗汽油及稳定汽油作吸收剂进行吸收，吸收过程放出的热量由两个中段回流取走，分别从第 26 层及第 15 层用泵（P-302 及 P-303）抽出，经水冷器（E-307，E-308）冷却，然后返回塔的第 25 层和第 14 层塔盘，吸收塔底的饱和吸收油进入气压机出口油气分离器（D-301）前，与压缩富气混合。贫气至再吸收塔（C-304）底部，用轻柴油作吸收剂进一步吸收后，干气自塔顶分出，进入燃料气管网。凝缩油由解吸塔进料泵（P-301/1、2），从气压机出口油气分离器抽出，进入解吸塔进行解吸。解吸塔底采用由解吸塔底重沸器提供热源，以解吸出凝缩油中的 C_2 组分。解吸塔重沸器由低压蒸汽（E-303）作为热源。脱乙烷汽油由解吸塔底抽出，经稳定塔进料换热器（E-306），与稳定汽油换热后送至稳定塔，进行多组分分馏，稳定塔底重沸器（E-304），由分馏塔一中段循环回流油提供热量。液化石油气从塔顶馏出，经稳定塔顶冷凝冷却器（E-310）冷至 40℃后，进入稳定塔顶回流罐（D-302）。液化石油气经稳定塔顶回流油泵（P-306）抽出后，一部分作稳定塔回流，其余作为液化石油气产品送至产品精制部分脱硫及脱硫醇。稳定汽油从稳定塔底流出，经稳定塔进料换热器、解吸塔热进料换热器（E-305）和稳定汽油除盐水换热器（E-320），分别与脱乙烷汽油、凝缩油、除盐水换热后，再经稳定汽油冷却器（E-309）冷却至 40℃，一部分由稳定汽油泵（P-304）送至吸收塔作补充吸收剂，其余部分送出装置。

气压机出口油气分离器分离出的酸性水，送至污水管线。

任务二　主要设备及控制指标

1. 主要设备（表 11-1）

表 11-1　主要设备表

序号	设备编号	设备名称	序号	设备编号	设备名称
1	C-101	反应器	9	C-303	稳定塔
2	C-102	再生器	10	C-304	再吸收塔
3	C-103	外取热器	11	D-118	外取热器汽包
4	C-201	催化分馏塔	12	D-201	分馏塔塔顶油气分离罐
5	C-202	轻柴油汽提塔	13	D-202	回炼油中间罐
6	C-203	重柴油汽提塔	14	D-203	原料油缓冲罐
7	C-301	吸收塔	15	D-301	气压机出口油气分离罐
8	C-302	解吸塔	16	D-302	稳定塔顶回流罐

（1）反再系统主要调节器及指标（表 11-2）

表 11-2　反再系统主要调节器及指标

序号	位号	正常值	单位	说明
1	LIC-101		%	三旋分离器料位
2	LIC-102	50	%	外取热汽包液位
3	LIC-103	50	%	外取热器料位
4	LIC-104	50	%	再生器料位
5	LIC-105	50	%	反应器料位
6	FIC-105	1.44	t/h	反应器防焦蒸汽量
7	FIC-106	1.8	t/h	反应器汽提蒸汽量
8	FIC-107	1.8	t/h	反应器汽提蒸汽量
9	FIC-108	32.4	t/h	急冷油量
10	FIC-109	210	t/h	混合原料量
11	FIC-110	1.2	t/h	提升蒸汽量
12	TIC-101		℃	外取热器蒸汽温度
13	TIC-102	515	℃	反应器出口温度
14	TIC-103	660	℃	
15	PIC-101	0.2	MPa	再生器压力
16	PIC-102	3.9	MPa	外取热汽包压力
17	PIC-103	0.18	MPa	反应器压力
18	PDIC-101	0.03	MPa	再生器反应器压差
19	TI-104	<500	℃	卸剂线温度显示
20	TI-105	690	℃	再生器床层温度
21	TI-106	200	℃	外取热器取热后的温度
22	TI-107		℃	反应器反应后的温度

（2）分馏系统主要调节器及指标（表 11-3）

（3）吸收稳定系统主要调节器及指标（表 11-4）

表 11-3　分馏系统主要调节器及指标

序号	位号	正常值	单位	说明
1	LIC-201	50	%	原料油缓冲罐液位
2	LIC-202	50	%	回炼油罐液位
3	LIC-203		%	分馏塔顶油气分离器水位
4	LIC-204	50	%	分馏塔顶油气分离器液位
5	LIC-205	50	%	轻柴油汽提塔液位
6	LIC-206	50	%	重柴油汽提塔液位
7	LIC-207	50	%	分馏塔液位
8	FIC-201	216	t/h	分馏塔顶循环流量

序号	位号	正常值	单位	说明
9	FIC-202	157	t/h	分馏塔一中循环流量
10	FIC-203		t/h	原料油入口流量
11	FIC-204	26	t/h	回炼油回流流量
12	FIC-205	1.3	t/h	分馏塔汽提蒸汽
13	FIC-206		t/h	回炼油去混合原料
14	FIC-207	60.1	t/h	粗汽油出口流量
15	FIC-208		t/h	轻柴油出口流量
16	FIC-209	5.4	t/h	贫吸收油流量
17	FIC-210		t/h	轻柴油汽提蒸汽
18	FIC-211		t/h	重柴油出口流量
19	FIC-212		t/h	重柴油汽提蒸汽

表 11-4　吸收稳定系统主要调节器及指标

序号	位号	正常值	单位	说明
1	LIC-301	50	%	油气分离器液位
2	LIC-302	50	%	吸收塔液位
3	LIC-303	50	%	再吸收塔液位
4	LIC-304	50	%	解吸塔液位
5	LIC-305	50	%	稳定塔液位
6	LIC-306	51	%	稳定塔顶回流罐液位
7	FIC-301	47	t/h	吸收塔一中循环流量
8	FIC-302	49	t/h	吸收塔二中循环流量
9	FIC-303		t/h	解吸塔进料流量
10	FIC-304		t/h	稳定塔进料流量
11	FIC-305		t/h	稳定塔顶回流流量
12	FIC-306		t/h	稳定汽油出口流量
13	FIC-307	12.18	t/h	稳定汽油去吸收塔流量
14	TIC-301	42	℃	吸收塔一中返回温度
15	TIC-302	42	℃	吸收塔二中返回温度
16	TIC-303	80	℃	解吸塔进料温度
17	TIC-304	136	℃	解吸塔底再沸器温度
18	TIC-305	128	℃	稳定塔进料温度
19	TIC-306	60.3	℃	稳定塔顶温度
20	TIC-307		℃	稳定塔顶冷却器温度
21	TIC-308	189	℃	稳定塔底再沸器温度
22	TIC-309	40	℃	稳定汽油出口温度
23	PIC-301	1.9	MPa	油气分离器 D-301 顶压力
24	PIC-302	1.35	MPa	吸收塔顶压力
25	PIC-303	1.3	MPa	再吸收塔顶压力
26	PIC-304	1.45	MPa	解吸塔顶压力
27	PIC-305	1.15	MPa	稳定塔顶压力

2. 操作规程

① 冷态开车

准备开车

打开外取热汽包 D118-8 上水调节阀 LIC-102 至 50%

维持外取热汽包 D118-8 液位 LIC-102 在 40%～60%,打自动,设为 50%

打开原料油缓冲罐 D-203 入口调节阀 FIC-203 至 50%

维持原料油缓冲罐 D-203 液位 LIC-201 在 40%～60%

打开反应器顶压力控制调节阀 PIC-103 至 50%

全开反应器顶去火炬手动阀 XV-106

全开待再生滑阀 PDIC-102

全开再生滑阀 PDIC-103

全开外取热器上滑阀 LIC-103

全开外取热器下滑阀 TIC-103

吹扫升温

打开再生器主风调节阀 FIC-104 至 50%,对三器进行吹扫

全开辅助燃烧室主风手动阀 XV-104

打开辅助燃烧室燃料气手动阀 XV-103,三器升温

当反应器温度 TI-105 达到 500℃,关闭待再生滑阀 PDIC-102

关闭再生滑阀 PDIC-103

打开提升蒸汽调节阀 FIC-110 至 50%

全开提升干气手动阀 XV-110

全开混合原料雾化蒸汽手动阀 XV-108

全开急冷油雾化蒸汽手动阀 XV-107

打开汽提蒸汽调节阀 FIC-107 至 50%

打开汽提蒸汽调节阀 FIC-106 至 50%

打开反应器上部防焦蒸汽调节阀 FIC-105 至 50%

打开再生器顶烟气去主风机调节阀 FIC-101 至 50%

控制反应器压力 PIC-103 维持在(0.21±0.02)MPa

控制再生器压力 PIC-101 维持在(0.18±0.02)MPa

装催化剂

关闭外取热器上滑阀 LIC-103

关闭外取热器下滑阀 TIC-103

打开催化剂加料线调节阀 LIC-104 至 50%

当再生器料位 LIC-104 达到 40%后,打开外取热器上滑阀 LIC-103 至 50%

当外取热器料位 LIC-103 达到 50%,打开外取热器下滑阀 TIC-103 至 50%

打开外取热器流化风调节阀 FIC-102 至 50%

打开再生器提升风调节阀 FIC-103 至 50%,保证流化顺畅

关闭催化剂进料调节阀 LIC-104

当再生器温度 TI-105 达到 380℃后,打开燃烧油调节阀 FIC-111 至 50%,喷燃烧油

当再生器温度 TI-105 达到 500℃以上时,关闭辅助燃烧室燃料气手动阀 XV-103

全开外取热器上水泵 P-101 入口阀 XV-101

启动外取热器上水泵 P-101

全开外取热器上水泵 P-101 出口阀 XV-102

打开外取热器上水调节阀 TIC-101 至 50%

当外取热汽包压力 PIC-102 达到 3.9MPa 时,打开压力调节阀 PIC-102 至 50%

调节燃烧油调节阀 FIC-111,使再生器床层温度 TI-105 维持在 500~600℃

打开再生滑阀 PDIC-103 至 50%,向沉降器转催化剂

打开催化剂加料线调节阀 LIC-104 至 50%,继续加催化剂

当沉降器料位 LIC-105 达到 50%后,打开待再生滑阀 PDIC-102 至 50%,维持三器流化

将催化剂进料调节阀 LIC-104 调小至 5%

当再生器压力 PIC-101 达到 0.2MPa 时,打开再生器压力调节阀 PIC-101 至 50%

控制反应器料位 LIC-105 至 50%左右

控制再生器料位 LIC-104 至 50%左右

控制外取热器料位 LIC-103 至 50%左右

反应器 C-101 进油

当提升管出口温度 TIC-102 在 515℃以上,全开原料油泵 P-202 入口阀 XV-202

启动原料油泵 P-202

全开原料油泵 P-202 出口阀 XV-201

打开反应器混合原料调节阀 FIC-109 至 20%

逐渐将反应器混合原料调节阀 FIC-109 调至 50%

打开急冷油流量调节阀 FIC-108 至 50%

全开反应器顶去分馏塔手动阀 XV-105

关闭反应器顶去火炬手动阀 XV-106

当再生器温度 TI-105 达到 660~700℃,关闭燃料油调节阀 FIC-111

打开钝化剂手动阀 XV-109,投用钝化剂

控制三旋分离器中催化器粉末料位 LIC-101 接近 50%,投自动,设为 50%

分馏系统进料及操作

打开分馏塔塔顶压力调节阀 PIC-201 至 50%

全开油气分离器 D-201 顶去火炬手动阀 XV-217

打开分馏塔汽提蒸汽调节阀 FIC-205 至 50%

当塔顶温度 TIC-201 超过 100℃,打开分馏塔顶冷却器温度调节阀 TIC-204 至 50%

全开分馏塔顶循环回流泵 P-204 入口阀 XV-206

启动分馏塔顶循环回流泵 P-204

全开分馏塔顶循环回流泵 P-204 出口阀 XV-205

打开分馏塔顶循环流量调节阀 FIC-201 至 50%

打开分馏塔顶循环温度调节阀 TIC-201 至 50%

续表

全开分馏塔一中循环回流泵 P-205 入口阀 XV-208
启动分馏塔一中循环回流泵 P-205
全开分馏塔一中循环回流泵 P-205 出口阀 XV-207
打开分馏塔一中循环流量调节阀 FIC-202 至 50%
打开分馏塔一中循环温度调节阀 TIC-202 至 50%
全开分馏塔底泵 P-210 入口阀 XV-215
启动分馏塔底泵 P-210
全开分馏塔底泵 P-210 出口阀 XV-216
打开油浆上返塔调节阀 FIC-214 至 50%
打开油浆下返塔调节阀 FIC-213 至 50%
打开油浆换热温度调节阀 TIC-209 至 50%
打开原料油换热温度调节阀 TIC-203 至 50%
打开油浆下返塔换热温度调节阀 TIC-208 至 50%
当分馏塔塔底液位 LIC-207 超过 30% 后,打开油浆出装置调节阀 FIC-215 至 50%
当回炼油罐液位 LIC-202 超过 20% 后,全开回炼油泵 P-209 入口阀 XV-204
启动回炼油泵 P-209
全开回炼油泵 P-209 出口阀 XV-203
打开回炼油回流调节阀 FIC-204 至 50%
打开回炼油去混合原料调节阀 FIC-206 至 50%
打开重柴油汽提蒸汽调节阀 FIC-212 至 50%
打开轻柴油汽提蒸汽调节阀 FIC-210 至 50%
当重柴油汽提塔液位 LIC-206 超过 20% 后,全开重柴油泵 P-208 入口阀 XV-213
启动重柴油泵 P-208
全开重柴油泵 P-208 出口阀 XV-214
打开重柴油出装置调节阀 FIC-211 至 50%
打开重柴油冷却器温度调节阀 TIC-207 至 50%
当轻柴油汽提塔液位 LIC-205 超过 20% 后,全开轻柴油泵 P-206 入口阀 XV-211
启动轻柴油泵 P-206
全开轻柴油泵 P-206 出口阀 XV-212
打开轻柴油冷却器温度调节阀 TIC-205 至 50%
打开轻柴油出装置调节阀 FIC-208 至 50%
打开贫吸收油流量调节阀 FIC-209 至 50%
打开贫吸收油温度调节阀 TIC-206 至 50%
当分馏塔顶油气分离器 D-201 液位 LIC-204 超过 20%,全开粗汽油泵 P-203 入口阀 XV-209
启动粗汽油泵 P-203
全开粗汽油泵 P-203 出口阀 XV-210
打开粗汽油调节阀 FIC-207 至 50%
当油气分离器 D-201 水位 LIC-203 接近 50% 时,打开水位调节阀 LIC-203 至 50%

续表

吸收稳定系统进料及操作

启动气压机

关闭油气分离器 D-201 顶去火炬手动阀 XV-217

当 PIC-301 升至 1.9MPa 时,打开油气分离器 D-301 顶压力调节阀 PIC-301 至 50%

全开吸收塔一中循环泵 P-302 入口阀 XV-302

启动吸收塔一中循环泵 P-302

全开吸收塔一中循环泵 P-302 出口阀 XV-301

打开吸收塔一中循环流量调节阀 FIC-301 至 50%

打开吸收塔一中循环温度调节阀 TIC-301 至 50%

全开吸收塔二中循环泵 P-303 入口阀 XV-304

启动吸收塔二中循环泵 P-303

全开吸收塔二中循环泵 P-303 出口阀 XV-303

打开吸收塔二中循环流量调节阀 FIC-302 至 50%

打开吸收塔二中循环温度调节阀 TIC-302 至 50%

当吸收塔顶压力 PIC-302 升至 1.3MPa 时,打开压力调节阀 PIC-302 至 50%

当气压机出口油气分离罐液位 LIC-301 超过 20%后,全开解吸塔进料泵 P-301 入口阀 XV-305

启动解吸塔进料泵 P-301

全开解吸塔进料泵 P-301 出口阀 XV-306

打开解吸塔进料调节阀 FIC-303 至 50%

打开解吸塔进料加热调节阀 TIC-303 至 50%

当吸收塔液位 LIC-302 超过 20%后,打开吸收塔液位调节阀 LIC-302 至 50%

当再吸收塔顶压力 PIC-303 升至 1.3MPa,打开压力调节阀 PIC-303 至 50%

当再吸收塔液位 LIC-303 超过 20%后,打开再吸收塔液位调节阀 LIC-303 至 50%

全开富吸收油返塔线手动阀 XV-313

打开解吸塔底再沸器温度调节阀 TIC-304 至 50%

当解吸塔顶压力 PIC-304 升至 1.45MPa,打开压力调节阀 PIC-304 至 50%

当解吸塔液位 LIC-304 超过 20%后,全开稳定塔进料泵 P-310 入口阀 XV-307

启动稳定塔进料泵 P-310

全开稳定塔进料泵 P-310 出口阀 XV-308

打开稳定塔进料调节阀 FIC-304 至 50%

打开稳定塔进料加热调节阀 TIC-305 至 50%

打开稳定塔底再沸器温度调节阀 TIC-308 至 50%

当稳定塔顶压力 PIC-305 升至 1.1MPa,打开压力调节阀 PIC-305 至 50%

打开稳定塔顶冷却器调节阀 TIC-307 至 50%

当稳定塔顶温度 TIC-306 超过 60℃时,全开稳定塔顶回流泵 P-306 入口阀 XV-309

启动稳定塔顶回流泵 P-306

全开稳定塔顶回流泵 P-306 出口阀 XV-310

打开稳定塔顶回流调节阀 FIC-305 至 50%

续表

当稳定塔液位 LIC-305 超过 20% 后,全开稳定汽油泵 P-304 入口阀 XV-311
启动稳定汽油泵 P-304
全开稳定汽油泵 P-304 出口阀 XV-312
打开稳定汽油冷却器调节阀 TIC-309 至 50%
打开稳定汽油去吸收塔调节阀 FIC-307 至 50%
打开稳定汽油出装置调节阀 FIC-306 至 50%

② 正常停车

降温降量准备停车
关闭催化剂加料调节阀 LIC-104,停止加入新鲜剂
关闭钝化剂手动阀 XV-109,停钝化剂
将混合原料量 FIC-109 降至 105t/h
关闭回炼油调节阀 FIC-206,将回炼油全部打回分馏塔
关闭急冷油调节阀 FIC-108
保证反应器顶部压力 PIC-103 维持在 0.18MPa
打开催化剂卸料线手动阀 XV-111 至 10%
打开卸剂风手动阀 XV-112 至 50%
控制催化剂卸料线温度 TI-104 不大于 550℃
关闭反应器顶部去分馏塔手动阀 XV-105
打开反应器顶部去火炬手动阀 XV-106
切断进料,卸催化剂
关闭原料油缓冲罐进料调节阀 FIC-203
关闭混合原料调节阀 FIC-109,停止进料
关闭原料油泵 P-202 出口阀 XV-201
关闭原料油泵 P-202
关闭原料油泵 P-202 入口阀 XV-202
关闭分馏塔一中循环泵 P-205
关闭分馏塔一中循环泵 P-205 入口阀 XV-208

3. DCS 操作界面

① 反再系统 DCS 及现场图（图 11-1 和图 11-2）
② 分馏系统（1）DCS 及现场图（图 11-3 和图 11-4）
③ 分馏系统（2）DCS 及现场图（图 11-5 和图 11-6）
④ 吸收稳定系统（1）DCS 及现场图（图 11-7 和图 11-8）
⑤ 吸收稳定系统（2）DCS 及现场图（图 11-9 和图 11-10）
⑥ 辅助操作台（图 11-11）

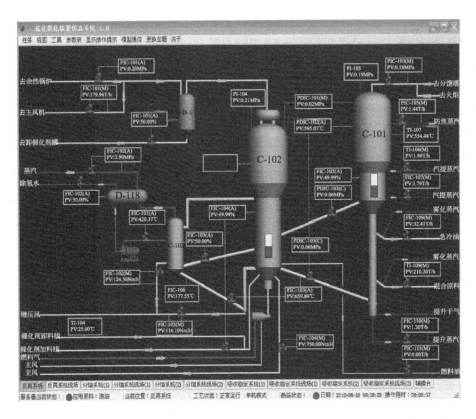

图 11-1　反再系统

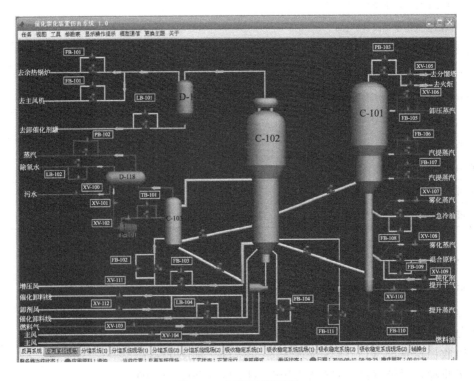

图 11-2　反再系统现场

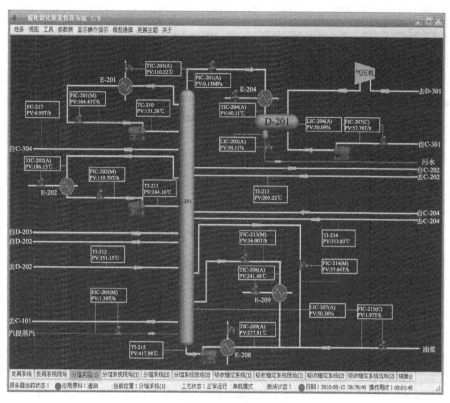

图 11-3　分馏系统（1）

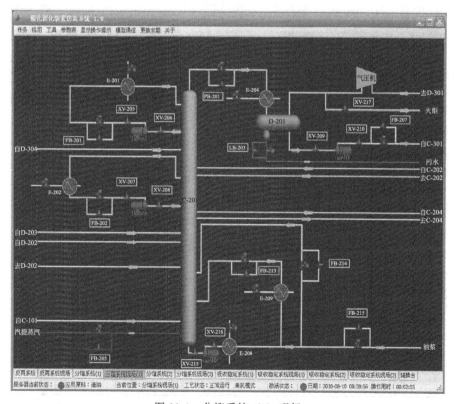

图 11-4　分馏系统（1）现场

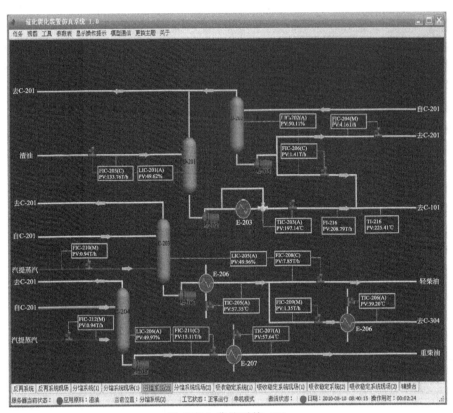

图 11-5 分馏系统（2）

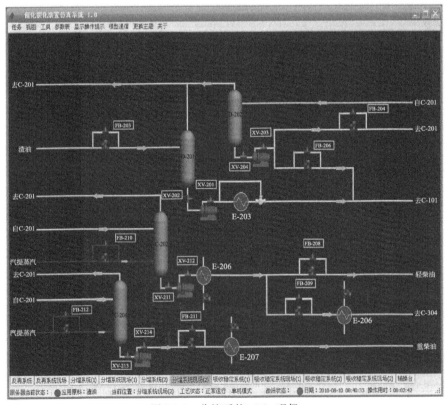

图 11-6 分馏系统（2）现场

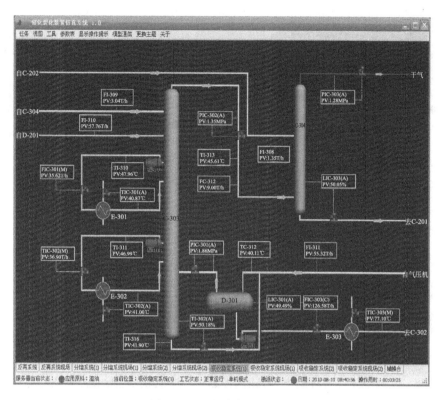

图 11-7 吸收稳定系统（1）

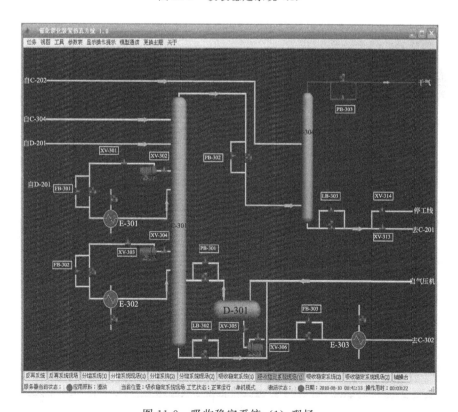

图 11-8 吸收稳定系统（1）现场

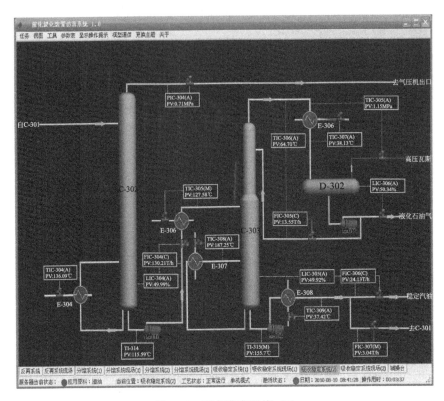

图 11-9　吸收稳定系统（2）

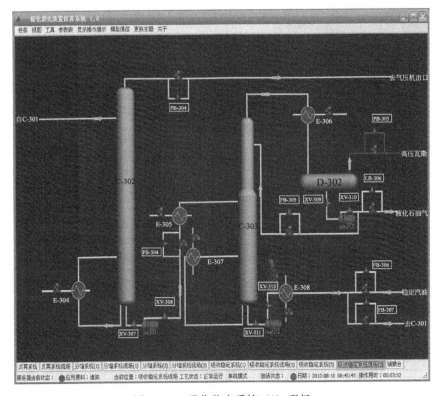

图 11-10　吸收稳定系统（2）现场

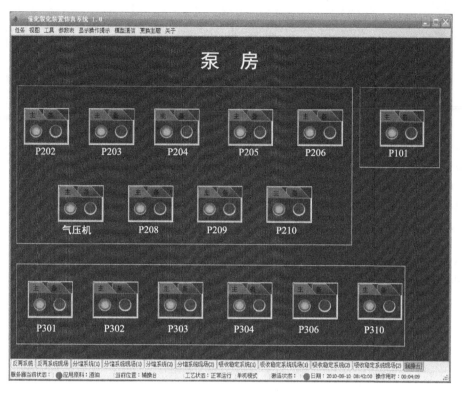

图 11-11　辅助操作台

◆ 参考文献 ◆

[1] 俞金寿. 过程自动化及仪表 [M]. 北京：化学工业出版社，2003.

[2] 李海青. 特种检测技术 [M]. 杭州：浙江大学出版社，2000.

[3] 厉玉鸣. 化工仪表及自动化 [M]. 北京：化学工业出版社，2011.

[4] 王克华. 石油仪表及自动化 [M]. 北京：石油工业出版社，2013.

[5] 张毅. 自动检测技术及仪表控制系统 [M]. 北京：化学工业出版社，2005.

[6] 陈优先. 化工测量及仪表 [M]. 北京：化学工业出版社，2010.

[7] 姜换强. 化工仪表及自动化 [M]. 北京：中国石化出版社，2013.

[8] 程德福. 智能仪器 [M]. 北京：机械工业出版社，2005.